プログラマーのための

コンピュータ

Guide to the computer
for programmers

入門

Lepton 著

内部ではどう動いているか

CPU メモリ キャッシュ SQL
遅い 速い RAM 足りない セクタ x64
コネクタ 動く とはループ x86
データベース 7階層 インターフェース
アセンブラ コンパイラ スタック 機械語
DMA 仮想マシン 文字 コード

Ohmsha

まえがき

　筆者が最初にコンピュータに触れてから、40 年以上の歳月が過ぎました。その 40 数年の間に、コンピュータは驚くほど進化を遂げています。

　いまどきのコンピュータや OS、そしてプログラミング言語は、高度に抽象化・仮想化が行われており、プログラミングをする上でも、コンピュータ自身がどのような造りになっているか、実際のところはよく知らなくてもプログラムを書くことが可能です。自分が使っている PC の内部がどのような構成になっていて、どのような部品から成り立っているのか知らないプログラマもかなりの割合で存在しています。

　もちろん、これらの抽象化・仮想化は多くの先人の努力のたまものであり、それを否定するものではありません。たとえば、アセンブリ言語は、そのプログラムが動作する CPU とその他のハードウェアに強く関連付けられており、コンピュータ内部に関する深い知識がなければ使いこなすことはできません。現代では、そのような言語を使ってプログラミングするのは、特殊な場面を除いては不適切と言えます。いまはもっと便利な言語が数多く存在しています。

　では、それらの「もっと便利な言語」を使う場合はコンピュータ自体に対する知識は不要なのでしょうか？　もちろん、不要ではない、ぜひとも知っておいてほしい、というのが本書の答えです。

　本書の目的は、プログラミングを始めたばかりの学生の方、社会人になってプログラミングを始めた（始めようとしている）方の「プログラミングは勉強してなんとなく理解できてきているけど、そのプログラムが動くコンピュータ自体っていったいどういう仕組みになっているの？」という興味に応えることです。コンピュータには、数多くの仕組みがあって、そこには先人の知恵と努力が含まれている、それを感じながら読み進めていただければ幸いです。

2020 年 5 月

Lepton

CONTENTS

「プログラムが動作する」とは？

　いまどきのプログラミング言語は、人による作りやすさを重視しています。コンピュータの造りに対する理解が不足していても、コーディングができてしまいます。それはそれで、悪いことだとは思いませんが、コンピュータへの理解が深まれば、よりよいプログラミングが可能になります。

　本章では、さまざまなプログラミング言語を例に、ソースコードを書いてから、実際に実行するまでどのようなことが行われるのかを、おさらいします。

1.1 スマホアプリの場合

簡単なスマホアプリの開発

いま「プログラム」と言ったとき、誰でも最初にイメージするのは、スマホアプリではないでしょうか。そしてスマホアプリの開発は、たとえば iPhone 用のアプリならば、Xcode という Mac 上で動作するソフトウェアを利用するのが一般的です。

> **ポイント**
>
> 「プログラム」「アプリ」「ソフトウェア」、これらの単語は同じようで、微妙にニュアンスが異なっています。本書ではだいたい、以下のような意味で使うことにします。
>
> プログラム　：いちばん一般的な呼び名
> アプリ　　　：スマホではこれ。Windows でも使われ出した
> ソフトウェア：堅い言い方？または、広い呼び名？

図 1-1 は、2 つの数値を入力して「Add!」を押すと、足し算した結果が表示される、というあまりにも単純な iPhone アプリを作って、iPhone シミュレータでデバッグ実行しているところです。言語は Swift を使用しています。この開発では、画面のデザインを決めて、その後、プログラム本体（コード）を書いていきます。この図の右側に表示されている部分がコードです。

図 1-1　Xcode を利用した iPhone アプリの開発（言語は Swift）

　このコードの枠組みは自動的に生成されます。画面とコードは一体となって
「アプリ」として動作します。画面上のテキストフィールドとコード（変数）
とのやり取り、ボタンを押したときに動かすコード、といった関連付けは、画
面からコードへドラッグ＆ドロップすることで行います（12 ～ 15 行目、図
1-1 ◉の行）。15 ～ 20 行目は画面上の「Add!」というボタンを押したとき
に呼ばれる関数ですが、このうち実際に手を動かしてコードを書いているのは
16 ～ 19 行目だけです。

　この 4 行ではボタンが押されたときに実行される内容を記述していますが、
やっていることはなんとなくわかるかと思います。

```
12   @IBOutlet weak var add1: UITextField!
13   @IBOutlet weak var add2: UITextField!
14   @IBOutlet weak var add: UITextField!
15   @IBAction func AddButtonTap(_ sender: Any) {
16       let add1str = add1.text!
                   テキストフィールド（1番目）に入力された内容取得
17       let add2str = add2.text!
                   テキストフィールド（2番目）に入力された内容取得
18       let addint : Int = Int(add1str)! + Int(add2str)!
                       文字列を数値に変換して、足し算
19       add.text = String(addint)
                   足し算結果をテキストフィールド（3番目）に出力
20   }
```

　ここまで作っておいて、左上にある ▶ を押すと iPhone シミュレータが起
動し、動作を確認できるようになります。

さて、本書は「Xcode を使った iPhone アプリ開発入門」といった本ではありません。そのため、この話にこれ以上は深入りしません。ただ、ここで注目していただきたいのは、ほんの 4 行 - まとめればもっと短く、1 行で書くこともできますが - 記述するだけで、曲がりなりにもアプリができてしまっている、ということです。

　「そんなの普通では？ やりたいことは 4 行ですべて書いているよね。」

　そうでしょうか？ デザインされた画面は、誰がどうやって iPhone 上に表示するのでしょうか？ iPhone の（仮想的な）キーボードで打った文字が、どうやって画面上のテキストフィールドに表示されるのでしょうか？ などなど。

　「そんなの誰かが裏で何かやっているのでは？」

　そうですね。「誰か」がやっているのですが……その「誰か」とは？

　「スマホ」もコンピュータの一種です。というか、コンピュータそのものです。内部の造りは、言ってみれば、数十年前のいわゆる「大型コンピュータ」と一緒です。したがって、「裏で何かやっている」ところの「誰か」もまたプログラムです。それはあらかじめ用意されているので、アプリの開発者はあまりそれを意識することなく、用意されているさまざまな機能を便利に使わせてもらって開発を行っていることになります。

　「裏で何かやっている」ことを意識せずにプログラミングができる、というのは開発者にとってはある意味幸せなことかも知れません。でも、深く知ることにより、見えてくるものがあるのではないでしょうか。

⏻ スマホアプリの開発言語

　スマホアプリの開発はどんな言語を使って行われているのでしょうか？ iPhone の場合と Android の場合について見てみます。

iPhone（iOS）の場合

　2010 年代前半までは、開発言語は Objective-C を使用するのが一般的でした。Objective-C は、C にオブジェクト指向の考え方を取り入れて拡張したものです。同様な言語に C++ があり、こちらは Windows 用の開発言語として一般的だったこともあり、かなり普及しました。それに対して Objective-C はかなりマイナーな言語という印象が否めません。

　Objective-C は、macOS（Mac OS X）の前身とも言うべき OS である NEXTSTEP の開発言語として採用されたこともあり、macOS でも利用され

るようになりました。

NEXTSTEP は NeXT Computer 社の NeXTcube というコンピュータ用
OS として 1989 年に公開されました。なお、NeXT Computer 社は、アップ
ルを 1985 年に退社した（追い出された）あのスティーブ・ジョブズが設
立した会社です。

　macOS と iOS は兄弟のような関係にありますので、iOS における開発言語
としても Objective-C が採用されたのは自然なことです。

　ただ、前述のように、Objective-C はマイナーであり、また C の知識も必要で、
習得も簡単ではないため、アップルは 2014 年に新しい言語 Swift を発表し、
iOS アプリの作成にも使用されるようになりました。

Android の場合

　Android では、アプリ開発には Java が広く使われていました。いまでも、
Java を使用することが多いと思われますが、2011 年に発表された Kotlin と
いう言語が、Android アプリ開発で注目されるようになってきました。

　先の Swift にしても、この Kotlin にしても、「null 安全」と呼ばれる仕組
みがあります。これは null 参照による実行時エラー（Java で言うならあの悪
名高き「ぬるぽ」……NullPointerException）が起こらないようにするもの
です。これにより、アプリの安定性が増すことが期待できます（もちろん、まっ
たくアプリが落ちなくなるわけではありません）。

1.2 スクリプト言語の場合

⏻ シェルとシェルスクリプト

「スクリプト言語」というと、どんな言語を思い浮かべるでしょうか？ Perl や Ruby？ JavaScript？ それともシェルスクリプトでしょうか？ 人によっては Excel のマクロなどで使われる VBA（Visual Basic for Applications）を想像するかも知れません。そもそも「スクリプト言語」という用語には厳密な定義があるわけではありません。比較的容易にコーディングすることができ、またそれを比較的容易に実行することができるような環境が用意されている、そんな言語をスクリプト言語と呼ぶことが多いようです。

スクリプト言語の起源をたどれば、シェルスクリプトにたどり着きます。シェルスクリプトの「シェル（shell）」とは、OS においてユーザインターフェースを受け持つプログラムのことです。OS に対して何らかの指示を出す場合、このシェルを経由することになります。

いま、Linux に対してログインしたとします。

```
Last login: Tue Jul 16 20:31:26 2019 from 192.168.1.1
$ 
```

このように表示されて、入力待ちになります。ここでは、さまざまなコマンドを入力できます。

```
$ hostname
mycentos7
$ whoami
lepton
$ ls -a
.  ..  .bashrc
$ echo $SHELL
/bin/bash
$ 
```

このようにコマンドを入力することにより、OS に対して指示を行っています。このとき、キー入力を受け取り処理を行うのがシェルの役目です。

さて、シェルはプログラムだとお話しましたが、それはどんな名前のプログ

ラムでしょうか。上記の実行例の最後のほうにある、

```
/bin/bash
```

これがプログラム（の実行ファイル）の名前です。なお、厳密に言えば、/bin/
はプログラムのあるディレクトリを表していますので、プログラムの名前は
bash になります。つまり "echo $SHELL" コマンドで自分自身のプログラム
を表示していることになります。

　UNIX 系の OS － Linux も含まれる － におけるシェルは、主に

- Bourne シェル（sh）と、その改良版（bash、ksh、zsh など）
- C シェル（csh）と、その改良版（tcsh など）

があります。

> **ポイント** ⋯⋯⋯⋯⋯⋯⋯⋯⋯⋯⋯⋯⋯⋯⋯⋯⋯⋯⋯⋯⋯⋯⋯⋯⋯⋯⋯⋯
> なお、Linux は UNIX 系の OS です。本書では以下のように表記することに
> します。
> Linux 　　　　：Linux のことのみを指す場合
> UNIX 　　　　：UNIX 全般を指す場合
> Linux(UNIX)：Linux のことを話題にしているが、UNIX 全般にも当てはまる場合

　UNIX では、ログインするユーザごとに、最初に起動するシェルを設定する
ことができ、上記の例では bash が使用されている、ということになります。

> **ポイント** ⋯⋯⋯⋯⋯⋯⋯⋯⋯⋯⋯⋯⋯⋯⋯⋯⋯⋯⋯⋯⋯⋯⋯⋯⋯⋯⋯⋯
> "bash" は "Bourne-Again shell" で Bourne シェルの改良版という意味と
> 同時に、同じ音の "born again"（よみがえった）と掛けている、と言われ
> ています。

　さて、先ほどの例では、4 つのコマンドを手入力しています。これらを一気
に実行するには、どうしたらいいでしょうか。ここで、やっとシェルスクリプ
トが登場します。

```
$ vi test_script                              ←エディタviを起動

    ⋮  （ここで、test_scriptというファイルを作成）

$ cat test_script                             ←test_scriptの内容表示
hostname
whoami
ls -a
echo $SHELL
$ bash test_script                            ←シェルスクリプトtest_scriptを実行
mycentos7
lepton
.  ..  .bashrc   test_script
/bin/bash
$
```

　ここでは、vi というテキストエディタを使い test_script というシェルスク
リプトを作成し、それを実行しています。実行は、

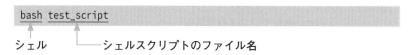

bash test_script

シェル　　　　　┗━━━シェルスクリプトのファイル名

のような形で行います。スクリプト言語の大半は、これと同様にテキストファ
イルがそのまま実行できます。

> **注意**
>
> 実際には、実行する方法はほかにもあります。

　ここでシェルスクリプトを実際に実行しているのは bash 等のシェルプログ
ラムです。シェルスクリプトは、このシェルに入力するファイルです。シェル
は入力されたファイルの内容を上から順番に読み込んで、そこに書かれている
内容を解釈し実行しています。このようなプログラムのことを「インタープリ
タ」と呼んでいます。シェルはインタープリタの一種です。
　なお、ここまで Linux（UNIX）の話をしましたが、Windows にも、も
ちろんシェルがあります。Windows で一般的なシェルは cmd.exe や
PowerShell です。cmd.exe のシェルスクリプトのことは通常「バッチファイ
ル」と呼び、拡張子が「.bat」のファイルです。

Column | JCL（Job Control Language）

　先ほど、スクリプト言語の走りはシェルスクリプトであろう、という話を
しました。が、さらに過去にさかのぼれば、スクリプト言語の祖先は、JCL（Job
Control Language、ジョブ制御言語）にたどり着きます。JCLの原型ができ
たのは1960年代のことです。

　JCLはいわゆる「メインフレーム」と呼ばれている（大型）コンピュータ
上でバッチ処理を実行するときに利用されました―いや、過去形ではありま
せんね、現在でも「利用されます」。「バッチ処理」とは、あらかじめデータ
を用意しておき、プログラムで一気に処理する形態です。通常、複数のプロ
グラムを順番に実行し、その一連の流れのことを「ジョブ」と呼んでいます。
このジョブを記述するための言語がJCLです。以下にIBMメインフレーム
用のOSであるz/OSのJCLで記述したジョブの一例を挙げます。

```
1   //JOB001  JOB  MSGCLASS=A
2   //STEP001 EXE  PGM=PROG001
3   //IN001   DD   DNS=USER1.DS001,DISP=SHR
4   //PR001   DD   SYSOUT=*
5   //STEP002 EXE  PGM=PROG002,COND=(0,GT,STEP001)
6   //IN001   DD   DNS=USER1.DS002,DISP=SHR
7   //PR001   DD   SYSOUT=*
```

　この記述では、PROG001（2行目）とPROG002（5行目）の2つのプロ
グラムが順番に実行されます。ただし、PROG001の戻り値が0より大きい
場合は、PROG002は実行されません。なお、3・4行目は2行目のプログラ
ムPROG001に対する入出力、6・7行目は5行目のプログラムPROG002
に対する入出力を記述しています。

　こうやって見ると、まさにシェルスクリプトと似たようなことをやってい
ることが理解できるのではないでしょうか。ただ、z/OSのJCLでは複雑な
制御はできず、シェルスクリプト並みの処理は書くことが難しいのですが。

　なお、このJCLを読み込んで実際にジョブを動かすのはz/OS上で動く
JES（Job Entry Subsystem）と呼ばれるシステムです。これは、シェルスク
リプトを読んで実行するシェルに相当するもの、と言えます。

> IBMの「z/OS」は、これまでに「OS/360」「OS/VS」「MVS」「OS/390」
> のように何度も名前を変えながら、なんと50年以上も続いてきました。
> ちなみに私が最初にこのOSに触れたときは「MVS/XA」という名前で
> した。ここでは最新の名称である「z/OS」としておきます。

⏻ grep, sed, awk

次に挙げるのは、grep, sed, awk などの UNIX コマンド由来のスクリプト言語です……と言っておいて何なのですが、grep と sed は「言語」と呼べるほどの機能を持っているか、というと微妙です。

> **ポイント**
>
> grep と sed は以下の機能を持っています。
>
> *grep* ： 文字列検索
>
> *sed* ： ストリームエディタ。大量のデータに対して一気に編集を行う

awk になると「スクリプト言語」と呼んでも差し支えないようなレベルになります。たとえばリスト 1-1 のようなテキストファイルがあったとします。くだもの屋さんの売上データとでもしましょうか。

リスト 1-1 : inputdata.txt

```
peach,10
apple,3
orange,5
apple,15
melon,2
peach,3
pineapple,1
peach,8
orange,3
pineapple,2
```

くだものの名前と売上個数が、1 行の中でカンマで区切られています（いわゆる CSV ファイルというやつです）。各くだものごとに売れた個数を集計するプログラムを awk で書いてみると、リスト 1-2 のようになります。たった 3 行のずいぶんと単純なプログラムに見えますが、これだけで集計することができます。これを実行したときの結果がリスト 1-3 です。

ごく一般的なプログラミング言語の場合、リスト 1-1 のデータを集計して、リスト 1-3 のような結果を出力したいとすると、以下のような処理を記述する必要があります。

① 集計表（配列など）を初期化する

② inputdata.txt より 1 行読む

③ くだものの名前と数量に分離する

④ 集計表に集計する

⑤ 次の行を読んで、最後の行まで③④を繰り返す

⑥ 集計表を印字する

　これが awk ではたった 3 行で済んでしまいます。このあたりは、awk がスクリプト言語としてたいへん優れているところです。

　なお、grep, sed, awk なども一種のインタープリタと言えます。

リスト 1-2 : total.awk

```
1  BEGIN{ FS = "," }
2  { s[$1] += $2 }
3  END{ for (i in s) printf("%-10s :%5d¥n", i, s[i]) }
```

リスト 1-3 : 実行結果

```
$ awk -f total.awk < inputdata.txt
orange    :    8
apple     :   18
pineapple :    3
melon     :    2
peach     :   21
$
```

⏻ 高度で汎用的なスクリプト言語 Perl, Python, Ruby 等々

Perl、Python、Ruby 等々は、汎用のスクリプト言語と呼べるでしょう。一般的に「スクリプト言語」と言えば、これらの言語を思い浮かべる人が多いのではないでしょうか。ここではそれぞれの言語について深入りはしませんが、リスト 1-2 のプログラムを Perl で書き直したものをリスト 1-4 に載せておきます。

これらの言語では一般的には、書かれたコードをインタープリタで処理します。

なお、Windows で使用されるシェルに PowerShell がある、とシェルスクリプトのところでお話しましたが、PowerShell はこれら汎用のスクリプト言語に劣らないだけの機能も持ち合わせています。

PowerShell のコードの例をリスト 1-5 に挙げておきます。CSV ファイルを読み込んで、グループ化して、集計して、表示する、ところまでを一気に行っていて、コード上では一切ループの構文が出てきていないところに特徴があります。このコードは実質上 1 行なのですが、紙面の都合上途中で改行しています。

リスト 1-4 : total.pl

```
while (<STDIN>) {
    chomp;
    @e = split(/,/, $_);
    $sales{$e[0]} += $e[1];
}

foreach $item (keys %sales) {
    printf("%-10s :%5d¥n", $item, $sales{$item});
}
```

リスト 1-5 : total.ps1

```
Import-Csv $args[0] -Header "name", "sales" |
Group-Object name |
Select-Object name, @{Name="sales"; Expression=
{($_.Group|Measure-Object -Sum sales).sum}} |
Format-Table -AutoSize
```

⏻ その他のスクリプト言語

　ほかにも「スクリプト言語」の範疇に入るであろう言語がたくさんあります。たとえば、Excel など Microsoft Office 上で操作の自動化を行う VBA（Visual Basic for Applications）はなじみがあるのではないでしょうか。

　また、ブラウザ上で動作するスクリプト言語としては JavaScript（1996 年発表）などがあります。

> **注意**
>
> 四半世紀たったいまだに混同されることが多いですが、JavaScript は Java とは違う言語です。大人の事情で似たような名前が付いてしまっていますが。

1.3 インタープリタと コンパイラ、言語処理系

⏻ インタープリタ

　「インタープリタ」とは、ソースプログラム（ソースコード）などを入力として、その内容を解釈し、その指示に従って実行するプログラムのことです（図1-2）。

> **ポイント**
>
> この文には「プログラム」という単語が2回出てきました。最初は「ソースプログラム（ソースコード）」とあるように、人が書いた「プログラム（ソースコード）」を指しています。たとえば Perl という言語で書いたリスト1-4などがそうです。それに対して、後ろのほうの「プログラム」はコンピュータ（CPU）が直接読み取って実行する「プログラム」を指しています。こちらは人間が目で見ても「何が何だかわからない」（頑張ればわかりますが）形式をしています（いわゆる機械語）。
>
> 本書では以後、特に断りなしで「プログラム」と呼んだ場合、後者、つまりコンピュータ（CPU）が直接読み取って実行する「プログラム」のことを指すことにします。前者は「ソースコード」または単に「コード」と呼ぶことにします。

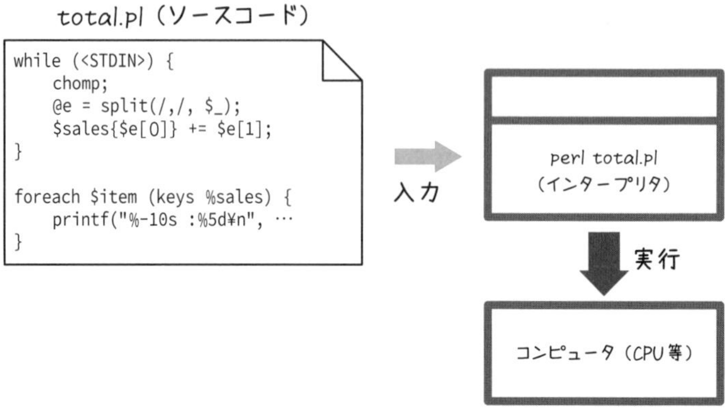

total.pl（ソースコード）

```
while (<STDIN>) {
    chomp;
    @e = split(/,/, $_);
    $sales{$e[0]} += $e[1];
}

foreach $item (keys %sales) {
    printf("%-10s :%5d\n", …
}
```

入力 → perl total.pl（インタープリタ）

実行 ↓

コンピュータ（CPU等）

図1-2　インタープリタ

インタープリタを利用する場合、書き終えたソースコードをそのままインタープリタに渡すことにより、即座に実行することができ、次に述べる、コンパイラを利用する場合と比較すると、手軽に実行することができます。

よくインタープリタの初心者向け説明で「ソースコードを1行ずつ読み込んで、それをCPUが理解できる機械語に翻訳し、その機械語を実行する」などと書かれていることがありますが、たいていのインタープリタは、そのようなことはしません。インタープリタはソースコードを解釈し、ソースコードの内容に応じて、必要な処理をインタープリタ自身が実行します（翻訳はしません）。インタープリタの内部に、巨大なswitch 〜 case文があって、該当の処理を実行しているイメージと考えるとわかりやすいかと思います。

> **注意**
>
> 上の文はあくまで「イメージ」です。実際のインタープリタ自身の作りが必ずしも巨大な「switch 〜 case文」になっているとは限りません。

インタープリタは手軽にコードを実行できるという利点があるいっぽう、実行速度が（コンパイラを利用する場合と比較して）遅い傾向にあります。人間が見てわかりやすい形で記述するソースコードは、そのままコンピュータが実行しやすい形をしているか、というと、必ずしもそうではありません。また、たとえば100万回ループする処理をソースコードに書いたとします。毎度毎度それを解釈していたら、それだけでたいへん時間がかかってしまいます。ほかにもさまざまな「遅くなる要因」がインタープリタには存在します。

そこで、最近のインタープリタは、あらかじめ一気にソースコードの解釈を行って、自分が実行するのに都合のいい形式で保持しておいたり、内部的に「ある種のコンパイラ」をこっそり実行して、実行速度を高める工夫をしていたりします[*1]。

[*1]　たとえば、後述するJITコンパイラなどがそうです。

⏻ コンパイラ

　コンパイラは、ソースコードなどを入力とし、それを CPU が直接実行可能な機械語などに翻訳して出力するプログラムです。

ポイント

「ソースコードなど」「機械語など」と、煮え切らない表現をしてしまいました。一般的に最もイメージされているコンパイラは「ソースコード」を入力し「機械語」を出力します。たとえば C のコンパイラはそうですね。
ただ、世の中には、入力がソースコードではないもの、出力が機械語ではないものも存在します。たとえば Java のコンパイラは、ソースコードを入力とし、Java 仮想マシンの入力ファイル（クラスファイル）を出力します（後述）。

　コンパイラを利用してプログラミングする場合、ソースコードを作成したら、それをコンパイラに読み込ませ、実行可能ファイル（要するに「プログラム」）を作成します。その後に、その実行可能ファイル（＝プログラム）を実行することになり、実行させるまでに複数のステップが必要です（図 1-3、リスト 1-6）。

注意

ここでは、コンパイラが実行可能ファイルを出力しているように説明しましたが、実際にはコンパイラだけではなく、プリプロセッサやリンカと呼ばれるプログラムなども動いて、最終的に実行可能ファイルが作成されます。ここでは、これらもひっくるめてコンパイラと呼びました。より正確には「言語処理系」と呼びます。

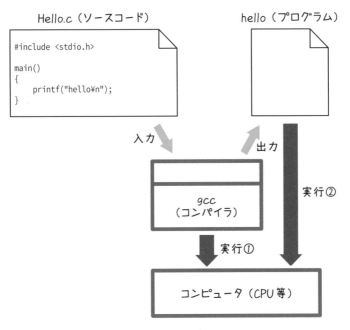

図1-3 コンパイラ

リスト 1-6：hello.c をコンパイルして実行

```
$ cat hello.c                           ←hello.cの内容を表示
#include <stdio.h>

main()
{
    printf("hello¥n");
}
$ gcc hello.c -o hello        ←hello.cをコンパイル（図1-3①）
$ ./hello              ←実行可能ファイルhelloを実行（図1-3②）
hello
$
```

　コンパイラの利点と欠点は、インタープリタの裏返しになります。プログラミングの手軽さでは、インタープリタより劣りますが、実行速度は速くできます。また「最適化」という、ソースコードを分析してさらに高速化を行う手法がコンパイラではやりやすく、さらなる高速化が期待できます。

⏻ 言語処理系

インタープリタやコンパイラおよび、それに付随する仕組みも含めて言語処理系と呼びます。書かれたソースコードを実行するための仕組み全体、と考えてもいいでしょう。

ある特定のプログラミング言語があったとき、その言語を処理する言語処理系は一般的には複数存在します。プログラミング言語は、仕様が文書化されていることが多く、その仕様を参照すれば、インタープリタやコンパイラは、ある意味「誰でも」作ることが可能だからです。

また、たいていの言語では、インタープリタとコンパイラのいずれも作ることが可能です。とはいえ、言語の仕様や性格上、インタープリタに向いている言語、コンパイラに向いている言語という区分けをすることもできなくはありません。おおよそ、以下のようになっています。

- インタープリタ向き⇒スクリプト言語
- コンパイラ向き⇒スクリプト言語以外の多くの言語

つまり、「言語処理系としてインタープリタを利用≒スクリプト言語」という認識も、あながち間違いではありません[*2]。

中には、コンパイラとインタープリタを組み合わせて使用するのが一般的な言語もあります。その代表例が Java です。

[*2] 例外は、どんな場合でも存在するわけでして、たとえば通常コンパイラが利用される C にもインタープリタが存在します。ただし、これは実用にするというよりは、教育目的です。逆に、Perl や Python のインタープリタは、速度向上などの目的のため、内部でコンパイルを行っていたりもします。

1.4 Java と Java 仮想マシン

⏻ Java でのコンパイルと実行

ここで Java について取り上げておきます。Java ではソースコードを処理するときにコンパイラを使用します。通常、コンパイラを使用すると図 1-3 のようになるはずなのですが、Java の場合はちょっと違います。図 1-4 を見てください。これが Java の場合です。コンパイラの実行①による出力は実行可能ファイル（CPU が直接解釈・実行できる内容のプログラム）ではなく、図に「クラスファイル」と書かれているファイルになります。

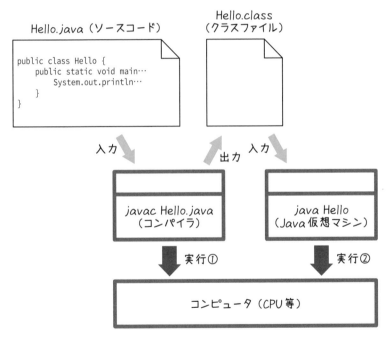

図 1-4　Java でのコンパイルと実行

このクラスファイルは、Java 仮想マシン（JavaVM, JVM などとも）と呼ばれる、仮想的な（現実にハードウェアとして存在するわけではない）コンピュータ・CPU で実行可能なプログラムです。クラスファイルの実行は、Java 仮想

マシンに入力することによって行われます。つまり、図 1-4 の右側の実行②は、クラスファイルを読み込んで、それを実際に実行していることになります。つまり、これはまさにインタープリタです。

リスト 1-7 のソースコードをコンパイルして実行したときの例がリスト 1-8 になります。

> **ポイント**
>
> Java 仮想マシンは、ソースコードではなくクラスファイルを読み込んで実行するインタープリタということになります。

「コンパイルしてできたものを、さらにインタープリタに入力？ それって面倒なだけでは？ 何かいいことがあるの？」

そうですね。これからそれを説明します。

リスト 1-7：Hello.java

```java
public class Hello {
    public static void main(String[] args) {
        System.out.println("hello");
    }
}
```

リスト 1-8：Hello.java をコンパイルして実行

```
$ ls -l Hello.*                          ←ファイルの一覧
-rw-rw-r--. 1 lepton lepton 111  7月 20 20:10 Hello.java
$ javac Hello.java               ←Hello.javaをコンパイル（図1-4①）
$ ls -l Hello.*                          ←ファイルの一覧
-rw-rw-r--. 1 lepton lepton 409  7月 20 20:11 Hello.class
-rw-rw-r--. 1 lepton lepton 111  7月 20 20:10 Hello.java
$ java Hello                     ←Hello.classを実行（図1-4②）
hello
$
```

⏻ Java 仮想マシン

Java の標語（？）に "Write once, run anywhere" というのがあります。「いちど（ソースコードを）書けば、どこでも実行（できる）」というような意味です。これを実現するのが、Java 仮想マシン（JavaVM）です。Java コンパイラ（javac）

が出力するクラスファイルは、どのような CPU のコンピュータでコンパイル
しても、どのような OS 上でコンパイルしても、その内容に違いはありません。
クラスファイルは仮想的なコンピュータである JavaVM 上で実行するように
作られているからです。コンピュータの CPU や OS の違いは JavaVM がすべ
て吸収するようになっています。

> **注 意**
>
> Java で "Write once, run anywhere" が本当に実現されているか、というと、
> 現実は厳しいです。環境の違いを完全に吸収できているわけではありません。

　さて、先ほど JavaVM はインタープリタである、と説明しました。インター
プリタの欠点は何だったでしょうか？　そう、実行速度が遅くなりがちなこと
です。Java はせっかくコンパイラを使う言語なのに、最後の最後、実行する
段階でインタープリタを使ってしまっては、コンパイラを使うメリットが半減
してしまいます。

　そこで、JavaVM にはコンパイラが内蔵されています。このコンパイラは、
JavaVM が「実行速度の高速化に効果がありそうだ」と判断した場合に自動
的に起動されます。このコンパイラのことを JIT コンパイラ（Just-In-Time
compiler）と呼んでいます。"just in time" は「ちょうどいいときに」とい
うような意味で、「JIT コンパイラ」は「実行時コンパイラ」などとも訳され
ています。

　なお、Android のアプリ開発で使われるようになったプログラミング言語
Kotlin も JavaVM を使用しています。また、iPhone のアプリ開発で使われ
ている Swift は、JavaVM ではありませんが同様の位置づけにある LLVM と
呼ばれる仮想マシンが使われます。

1.5 C、「高水準」と「低水準」

高水準言語

「高水準言語」(「高級言語」とも)という用語があります。プログラミング言語の水準を表す言葉です。ここで言う「高水準」とは、

- 人にとって理解しやすく、書きやすい
- CPU、メモリ、I/O といったものを直接意識しなくていい

といった意味です。つまり人間にとって使い勝手のいいほうを「高水準」(hige-level)と呼んでいるわけです。我々が目にするプログラミング言語・ソースコードはほとんどが高水準言語です。

逆に「CPU、メモリ、I/O といったもの」を意識しなければいけない言語とは、機械語・アセンブリ言語[3] のことで、これらが「低水準 (low-level) 言語」にあたります (図 1-5)。

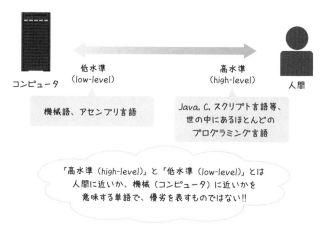

図 1-5　高水準 (high-level) と低水準 (low-level)

---

[3]　機械語・アセンブリ言語については次章以降で取り上げます。

⏻ C も高水準言語

さて、プログラミング言語として独特な位置を占めている C について考えてみます。C も人にとって理解しやすい言語と言えますから、高水準言語の 1 つになります。ただ、他の高水準言語と異なる特徴があり、それが C を特別な言語にしています。

その特徴とは、C は高水準言語でありながら、低水準の処理も書ける、というところにあります。特に重要なのはコンピュータのメモリに対して直接アクセスできることです。この特徴により、他の高水準言語では不可能な、コンピュータに近い部分のプログラムを書くことができます。

「コンピュータに近い部分」の例としては、たとえば OS のカーネルがあります。「カーネル」とは OS の中核に位置するプログラムです。「Linux のカーネルの大部分は C で書かれている」という話を聞いたことがあるかも知れません。また、Windows のカーネルも大部分は C（と C++）で書かれていると言われています。またカーネルと一緒になって、OS の一部として動作するデバイスドライバにも C がよく使われます。

C では、メモリ上の場所（「アドレス」と呼ばれる）を特定するために「ポインタ」と呼ばれる仕組みを利用します。リスト 1-9 を見てください。これは変数 nnnn と関数 main がメモリ上のどのアドレスに配置されたかを表示するプログラムです。くわしくは後の章で解説しますが、通常、プログラムの実行中、変数もプログラムもメモリ上に配置されます。実際に配置されているアドレスを表示しているのがリスト 1-9 の C プログラムになります。

これを実行したときの例がリスト 1-10 です。この実行結果を見ると変数 nnnn はアドレス 0xbfa33930 に、関数 main はアドレス 0x080483a4 に配置されているようです。

アドレスの値の先頭 "0x" は「16 進法での表記だよ」という意味です。この実行例は 32 ビット環境で動作させているので、アドレスは 32 ビット、16 進法で表記すれば 8 桁必要になります。このあたりのことも、後の章で解説します。

リスト 1-9 : pointer_sample.c

```c
#include <stdio.h>

main()
{
    int nnnn;
    printf("変数nnnnのアドレス:%010p¥n", &nnnn);
    printf("関数mainのアドレス:%010p¥n", &main);
}
```

リスト 1-10 : 実行してみる

```
$ gcc pointer_sample.c -o pointer_sample        ←コンパイル
$ ./pointer_sample                              ←実行
変数nnnnのアドレス:0xbfa33930
関数mainのアドレス:0x080483a4
$
```

　このように「メモリのアドレス」といったコンピュータのハードウェア・CPU に近い部分を扱うことができるのが C（やその仲間）の言語の大きな特徴です。これは、ほかのほとんどの高水準言語では不可能です。

アセンブリ言語と
CPU 内部の動き

　本章では、主にアセンブリ言語を使い、CPU の内部ではどのようにプログラムが動作しているのかを見ていきます。アセンブリ言語と機械語の関係、ストアドプログラム方式とは何か、レジスタなどについて解説します。

2.1 アセンブリ言語

⏻ Hello,world

　リスト 2-1 を見てください。伝統的な「hello, world」プログラムを C で書いてみたソースコードです。これを Linux 上で実行してみたときの例がリスト 2-2 です。プログラミング言語の教科書で最初のほうによく載っている例題ですね。一般的に教科書に載っているコードとの違いは「hello, world」を 5 回出力していることくらいでしょうか。C から影響を受けた言語は多数存在しますが、そのいずれかの言語でのプログラミング経験のある方は、やっていることはなんとなくわかるのではないでしょうか。たとえば、5 回繰り返すところの for 文の書き方など。

リスト 2-1 : hello.c

```c
 1  #include <unistd.h>
 2  #include <string.h>
 3
 4  main()
 5  {
 6      int i;
 7      char *msg = "hello, world\n";
 8      int len = strlen(msg);
 9      for (i = 0; i < 5; i++) {
10          write(1, msg, len);
11      }
12  }
```

リスト 2-2 : リスト 2-1 の実行例

```
$ gcc hello.c -o hello          ←hello.cをコンパイル
$ ./hello                       ←実行
hello, world
hello, world
hello, world
hello, world
hello, world
$
```

ここで、C の経験者は、逆に「あれっ？」と思ったかも知れません。

　「メッセージの出力、普通だったら printf か puts か、そのあたりの関数を使うよなあ。write 関数って何？」

　そうですね。この write 関数は「システムコール」と呼ばれる OS の仕組みを利用するための関数です。システムコールは OS に何らかの仕事をお願いする場合に利用します。printf や puts は標準ライブラリにある関数で、これらの関数は内部的にシステムコールを利用しています。つまり、

printf, puts ：OS、コンピュータから遠い（高水準、high-level）
write 　　　 ：OS、コンピュータに近い（低水準、low-level）

ということになります（図 2-1）。「高水準」「低水準」という言葉は言語の種類の説明ですでにしました。あれと同様の意味合いです。

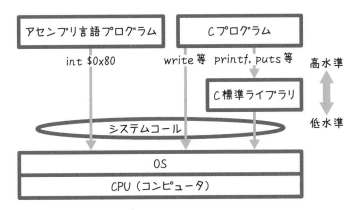

図 2-1　標準ライブラリとシステムコール

　さて、リスト 2-1 でなぜ低水準のシステムコールである write 関数を使用したか、というと、この後、アセンブリ言語で同様のことを行うコードを示すためです。「低水準言語」であるアセンブリ言語で「hello, world」プログラムを書こうとすると、低水準であるシステムコールを直接使用します。

　リスト 2-3 を見てください。アセンブリ言語で「hello, world」を書いた例です。リスト 2-3 で実際にどんなことをやっているかは、すぐ後で説明します。これを Linux 上で実行してみたときの例がリスト 2-4 です。

リスト2-3 : hello.s

```
1    .data
2    msg:     .ascii   "hello, world¥n"
3    msgend: .equ     len, msgend - msg
4
5    .globl  main
6    main:    movl     $5, %ecx
7    loop1:   pushl    %ecx
8            movl     $4, %eax
9            movl     $1, %ebx
10           movl     $msg, %ecx
11           movl     $len, %edx
12           int      $0x80
13           popl     %ecx
14           loop     loop1
15           ret
```

リスト2-4 : リスト2-3の実行例

```
$ gcc hello.s -o hello            ←hello.sをアセンブル
$ ./hello                         ←実行
hello, world
hello, world
hello, world
hello, world
hello, world
$
```

　なお、「アセンブリ言語」とは、ある特定の言語仕様に基づく1つの言語を指しているわけではありません。CPUに対する命令（機械語）を、人間にわかりやすい形で表記したものがアセンブリ言語です。CPUにはたくさんの種類があり、それぞれが利用可能な命令（命令セット）は異なっていますので、

アセンブリ言語にもたくさんの種類があります。ここでは、PC などで一般的なインテルの CPU（x86 または IA-32）を 32 ビット環境で動かした場合を例に取って説明します（なぜいまさら 32 ビット？ という声が聞こえてきますが、64 ビットではわかりにくいだけだからです。以下のポイントを参照のこと）。

ポイント

いま IA-32 を「PC などで一般的」な CPU と言いましたが、IA-32 の CPU として代表的なものは 80386、80486、初期の Pentium 等、かなり古いものです。これはレジスタが 32 ビット、つまり 32 ビット CPU です。現在は、これを拡張した x64（レジスタが 64 ビット）の CPU が主流です。ただし、x64 であっても IA-32 のプログラムを実行することができるので、ここでは IA-32 での例を挙げています。なぜ例題を x64 にしなかったかというと、ビット数が多くなりすぎて、見た目が煩雑になってしまうからです。また、32 ビットであっても、64 ビットであっても本質的な部分に大きな相違はありません。

Column 「アセンブリ言語」という言葉

　アセンブリ言語（assembly language）は、コンピュータのハードウェアにたいへん近いところに位置するプログラミング言語の名前です。ただし、注意が必要なのは「アセンブリ言語」という名前の 1 つの言語が存在するわけではなく、総称です。CPU の種類が異なれば、その書き方はまったく異なっていますし、同一 CPU でもさまざまな記法があったりします。リスト 2-3 は IA-32 という種類の CPU（PC で一般的な CPU）を対象としたアセンブリ言語のコードですが、その中でも「AT&T 記法」で書かれています。ほかにも「Intel 記法」という別の書き方も存在します。今回使用しているアセンブラ（GAS：GNU assembler）は AT&T 記法が標準なので、本書ではこの書き方を採用しました。

　アセンブリ言語のソースコードは「アセンブラ（assembler）」というプログラムによって機械語に変換されます。この作業を「アセンブル（assemble）」と称します。通常、アセンブリ言語の場合は「コンパイラ（compiler）」「コンパイル（compile）」という用語は使用しません（表 2-1）。

表 2-1 高水準言語とアセンブリ言語で使われる用語

	翻訳プログラム	翻訳作業
高水準言語	コンパイラ（compiler）	コンパイル（compile）
アセンブリ言語	アセンブラ（assembler）	アセンブル（assemble）

　「アセンブラ言語」という言葉を目にすることがあるのですが、「アセンブラ」はプログラムの名前ですので、この言葉は厳密には正しいとは言えません。

アセンブリ言語の書き方

　再度、リスト 2-3 を見てください。このコードが何をやっているかを見ていくことにします。ここで、プログラムとして、実際に動作する部分は 6 ～ 15 行目です。その部分を順番に解説します。まず 6 行目です。

```
6行目    main:    movl    $5, %ecx
```

　行頭にある main: のように、名前の後ろにコロン（:）を付けたものは「ラベル」と呼ばれ、その場所を表しています。

> **注意**
>
> 「場所とは何ぞや？」と思われるかも知れませんが、具体的にはメモリ上のアドレスです。機械語のプログラムや、データはメモリ上に配置されます。ここでは機械語のプログラムの中の、movl $5, %ecx という命令の場所（アドレス）を表しているのが main という名前になります。
> ラベルは、アセンブル～メモリ上に配置（「ロード」と呼ばれる）までの間に、実際のアドレス（値）に置き換わります。

　6 行目からラベルを取り除いた、

```
movl $5, %ecx
```
　　　ニーモニック　　オペランド

の部分が、実際にコンピュータ（CPU）に対する命令です。アセンブリ言語では一般的に、最初に「ニーモニック」、その後ろに（ゼロ個以上の）「オペランド」を記述します。この例では、

ニーモニック　　：movl
第 1 オペランド ：$5
第 2 オペランド ：%ecx

ということになります。

　CPU は、自分自身が行うことができる仕事、たとえばメモリに対する読み書きであるとか加減乗除などの演算、そういったものそれぞれに「オペコード」という番号を付けています。オペコードによって CPU は何の仕事をするのか判断するわけです（なお、オペコードは CPU の種類によって異なります）。

　オペコードは番号（数値）であり、人間にとっては非常にわかりづらいので、オペコードに対して名前を付けておきます。その名前がニーモニックです。

　この例の movl というニーモニックでは "mov" は "move" という単語の省略形です（あまり省略しているようには見えませんが……）。「移動しなさい」というような意味でしょうか。そして "mov" の後ろに付いている "l"（エル）は "long" という意味です。long（ロング）とは何ぞや、というと、これは 32 ビットのことを表す決まりです。つまり movl は「32 ビット分移動しなさい」という意味になります。

ポイント

この "l" の部分を「オペレーションサフィックス」などと呼び、どれだけのビット数を操作の対象とするのかを表します。たとえば以下のようなものがあります（ほかにもあります）。

b ：byte, 8 ビット
w ：word, 16 ビット
l ：long, 32 ビット

　さて、movl は「移動」ですから「どこから」「どこへ」を明示する必要があります。それが 2 つのオペランドの役割です。この例では、

移動元（第 1 オペランド）：$5

移動先（第 2 オペランド）：%ecx

です。結局、

| 6行目 | `movl $5, %ecx` |

を解釈すると、

「$5 を %ecx に 32 ビット分だけ移動しなさい」…（a）

となります。

　ここまで、オペランドの $5 と %ecx については説明してきませんでした。そこで、まず第 1 オペランド $5 について説明します。これは簡単で、5 という数値そのもの、つまり定数（「即値」とも呼ばれる）です。$ は定数を表す記号です。ここで、単に $5 と書けば 10 進法での 5 になります。ちょっと飛ばしてリスト 2-3 の 12 行目に、$0x80 という記述がありますが、頭に 0x を付けた数値が 16 進法を意味するのは、他の多くの言語と同じです。

　すると（a）は、以下のようにも解釈できます。

「数値 5 を %ecx に 32 ビット分だけ移動しなさい」…（b）

　この（b）の「数値 5 を %ecx に 32 ビット分」とはいかなる意味でしょうか。これは「数値 5」を 2 進法 32 桁で表現したもの、ということになります。つまり、「00000000000000000000000000000101」ということです。したがって（b）は、

「00000000000000000000000000000101 を %ecx に移動しなさい」…（c）

とも書けます（とっても見づらいですけど）。

⏻ レジスタ

これで第1オペランドの意味はわかりました。では第2オペランド %ecx とはいったい何ものなのでしょうか。先に答えを言ってしまえば、これはレジスタと呼ばれているものの1つです。レジスタは CPU の内部にあって、演算した結果や実行状態などの値を保持する機能を持つ部分のことです。

「値を保持する」というとメモリが思い浮かびますが、通常「メモリ」と言うと「メインメモリ」（時代がかった呼び名では「主記憶装置」）という、CPU の外にあるものを指します。レジスタは CPU 内部にあり、とても高速なアクセスが可能、という特徴があります。

レジスタにはそれぞれ固有の名前が付いています。

注意

固有の名前ではなく、番号によってレジスタを識別する CPU もあります。たとえば IBM のメインフレーム用 CPU では、レジスタには0番～15番までの番号が付いた16個のレジスタがあります。

今回使用しているレジスタは ecx という名前です。頭の % は「レジスタだよ」という意味です。レジスタは CPU 内部に存在しますから、CPU の種類が違えば、存在するレジスタの数も名前も異なっています。今回はインテルの IA-32 という CPU 上でのアセンブリ言語を例に取っていますので、その IA-32（および、その64ビット版である x64）の主なレジスタにどんなものがあるのか、図 2-2 に載せておきます。

結局のところ前ページの（c）は、以下のように書き換えることもできます。

「00000000000000000000000000000101 を ecx レジスタに移動しなさい」…（d）

これは、高水準言語で言えば代入、つまり、

```
ecx = 5;
```

のようなものです。

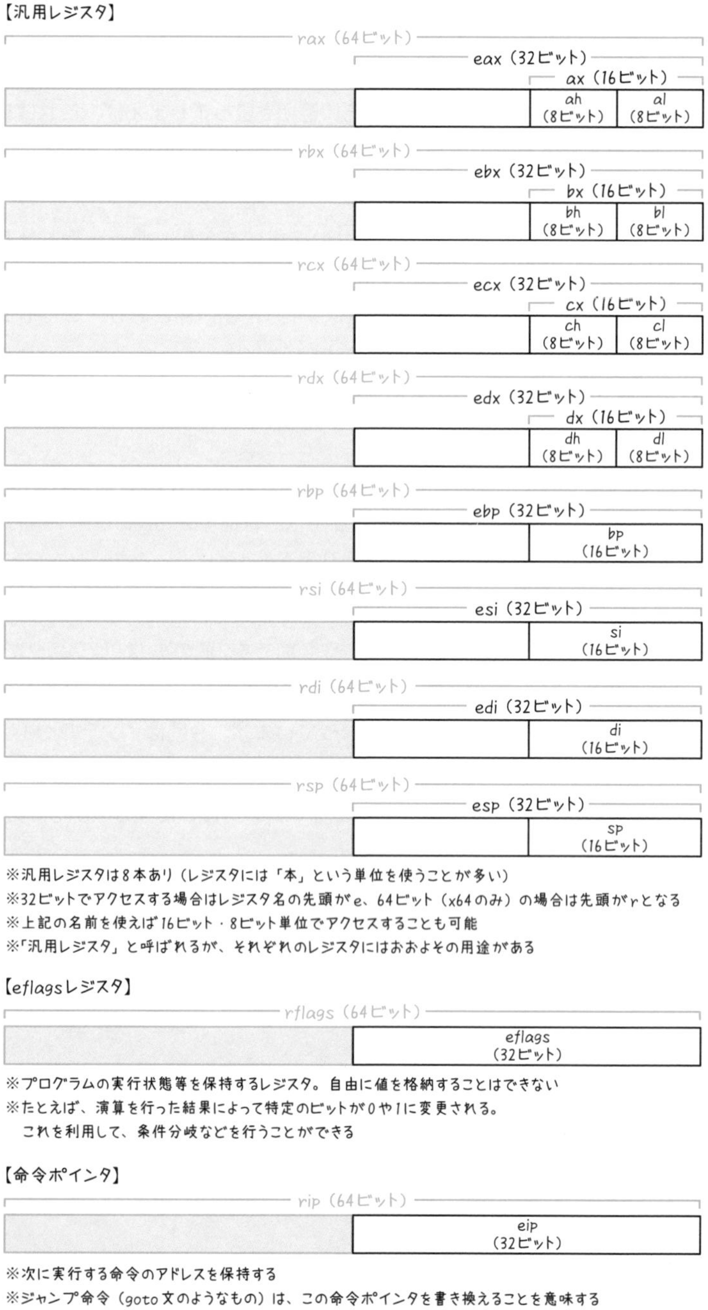
【汎用レジスタ】
rax（64ビット）
eax（32ビット）
ax（16ビット）
ah（8ビット）
al（8ビット）
rbx（64ビット）
ebx（32ビット）
bx（16ビット）
bh（8ビット）
bl（8ビット）
rcx（64ビット）
ecx（32ビット）
cx（16ビット）
ch（8ビット）
cl（8ビット）
rdx（64ビット）
edx（32ビット）
dx（16ビット）
dh（8ビット）
dl（8ビット）
rbp（64ビット）
ebp（32ビット）
bp（16ビット）
rsi（64ビット）
esi（32ビット）
si（16ビット）
rdi（64ビット）
edi（32ビット）
di（16ビット）
rsp（64ビット）
esp（32ビット）
sp（16ビット）
※汎用レジスタは8本あり（レジスタには「本」という単位を使うことが多い）
※32ビットでアクセスする場合はレジスタ名の先頭がe、64ビット（x64のみ）の場合は先頭がrとなる
※上記の名前を使えば16ビット・8ビット単位でアクセスすることも可能
※「汎用レジスタ」と呼ばれるが、それぞれのレジスタにはおおよその用途がある
【eflagsレジスタ】
rflags（64ビット）
eflags（32ビット）
※プログラムの実行状態等を保持するレジスタ。自由に値を格納することはできない
※たとえば、演算を行った結果によって特定のビットが0や1に変更される。
これを利用して、条件分岐などを行うことができる
【命令ポインタ】
rip（64ビット）
eip（32ビット）
※次に実行する命令のアドレスを保持する
※ジャンプ命令（goto文のようなもの）は、この命令ポインタを書き換えることを意味する

図 2-2　インテル CPU（IA-32, x64）の主なレジスタ

先ほどから「移動」という言葉を使っていましたが、それは movl（move long）というニーモニックの解釈に引きずられてそう書いてしまっただけで、「複写（copy）」と表現するほうが正確です。これは高水準言語の代入と同じです。

ただ、注意が必要なのは、高水準言語の代入と違い、暗黙の型変換のようなことは行われません。たとえば C で、

```
int a = 5;      // int型は32ビットとする
short b;        // short型は16ビットとする

b = a;          // 型とビット数が違うが、自動的に型変換される
```

のように型が違う値を代入しようとすると、暗黙の型変換が行われ、うまく代入されます。しかし、アセンブリ言語では、明示的に代入（移動、複写）するビット数を指定してやる必要があります。movl の "l" がそれにあたります。

では、結局リスト 2-3 の、

```
6行目      movl $5, %ecx
```

これはいったい何をやっているのでしょうか。それは C で書いたソースコード（リスト 2-1）と見比べてもらえばわかるのではないでしょうか。

「どうやら、ループ回数を指定（5 回）しているようだ。」

この後、順を追って解説していきますが、そのとおりループ回数を指定しています。

システムコール

リスト 2-3 の解説を進めます。次は 7 行目ですが、この行は後に回し、先に 8 〜 12 行目を見ていきます。この 5 行は、これで一連の処理です。8 行目と 9 行目はいいですよね？

```
8行目      movl $4, %eax
9行目      movl $1, %ebx
```

6 行目とほぼ同じです。解釈すると、

「数値 4 を eax レジスタに移動しなさい」（8 行目）

「数値 1 を ebx レジスタに移動しなさい」（9 行目）

となります。もちろん movl ですから、いずれも 32 ビット分の移動です。

次に 10 行目と 11 行目です。

```
10行目    movl $msg, %ecx
11行目    movl $len, %edx
```

これまで movl が何度か出てきましたが、これも同じく movl です。しかし、第 1 オペランドの書き方が違っています。これまでは $5 や $4 のように数値（定数）が書かれていました。ところが今回は $msg や $len になっています。この msg とか len とはいったい何なのでしょうか？

リスト 2-3 をよく見てみると、以下のような行があります（2 ～ 3 行目）。

```
2行目    msg:    .ascii  "hello, world¥n"
3行目    msgend: .equ    len, msgend - msg
```

これらの行は、たとえば C で書けば、

```
char *msg = "hello, world¥n";
int len = strlen(msg);
```

といったもので、また Java で書けば、

```
String msg = "hello, world¥n";
int len = msg.length();
```

に近いと言えます。つまり、msg は出力するメッセージを表しています。プログラムが実行されると、メモリ上のどこかの場所に "hello, world¥n" という 13 文字（バイト）の領域が確保され、そこには "hello, world¥n" の文字が順番に入ります。

ポイント

¥n は改行文字ですので、これで 1 文字（1 バイト）になります。

そして msg はその領域のアドレスを表します。いま、このプログラムは 32
ビット環境で動かすことを想定していますので、このアドレスは 32 ビットで
す。

　また len はそのメッセージの長さを表す定数です。この例で言えば、len は
13 という定数になります。

　つまり、10 行目と 11 行目を解釈すると以下のようになります。

「メッセージのありか（アドレス）を ecx レジスタに移動しなさい」（10 行目）
「メッセージの長さを edx レジスタに移動しなさい」（11 行目）

　8 ～ 11 行目は、結局 eax ～ edx レジスタに値を設定していることになりま
す。本当にそうなっているのでしょうか。プログラムの実行を途中で止めて、
レジスタの内容を見てみましょう（リスト 2-5）。

> **ポイント**
>
> 　このような目的では「デバッガ」というプログラムが利用できます。ここで
> は gdb というデバッガを使いました。

リスト 2-5 ：リスト 2-3 のデバッガ実行

```
$ gdb hello                              ←プログラムをデバッガ上で実行
(gdb) b 12                               ←12行目にブレークポイント設定
Breakpoint 1 at 0x80495e3: file hello.s, line 12.
(gdb) run                                          ←実行開始
Starting program: /home/lepton/prog/2-3/hello

Breakpoint 1, 0x080495e3 in loop1 ()     ←12行目でプログラム停止
(gdb) i r                                        ←レジスタの内容表示
eax     0x4       4
ecx     0x80495bc 134518204
edx     0xd       13
ebx     0x1       1
     ⋮
     ⋮
(gdb)
```

　この実行結果を見ると、eax には 4、ebx には 1、edx には 13 と、想定ど
おりの値が設定されていることがわかります。また ecx は 0x80495bc という

値が設定されましたが、これがメッセージのある場所（アドレス）です。

次は 12 行目です。

```
12行目     int $0x80
```

ここで int という新しいニーモニックが出てきました。これは "interrupt"（割り込み）の省略形です。

> **注意**
>
> C やその影響を受けた言語で int と言えば整数型のことですが、このニーモニックは、それとはまったく無関係です。

これは、CPU に対して「割り込み」という状態を発生させるための命令です。割り込みが発生すると、その割り込み番号（ここでは 0x80）に対応した割り込みハンドラというプログラムが実行されます。どの割り込みでどの割り込みハンドラが動くかは、事前に設定しておきます。その設定は一般的には OS の仕事です。

いま、リスト 2-3 は Linux という OS 上で動かすことを想定しています。そして Linux では割り込み番号 0x80 の割り込みが発生することにより、システムコールが実行されます。このとき、システムコールの種類を eax レジスタに、そのシステムコールの引数を ebx 〜 edx レジスタにあらかじめ入れておきます。

```
8行目      movl $4, %eax    // システムコール番号（4はwrite）
9行目      movl $1, %ebx    // ファイルディスクリプタ（1は標準出力）
10行目     movl $msg, %ecx  // 出力するデータ
11行目     movl $len, %edx  // 出力するデータ長
12行目     int  $0x80       // システムコールを実行
```

このように、eax 〜 edx にあらかじめ値を入れておいてから int 命令でシステムコールを実行しているわけです。

⏻ ループ

先に進みます。リスト 2-3 を見てください。次は 13 行目ですが、これも後で説明することにして、14 行目です。

14行目	loop loop1

　ここでは loop というニーモニックが出てきました。これはその名のとおりループを行う命令です。高水準言語なら for 文や while 文のようなものです。この命令の動きは以下のようになります。

- ecx レジスタの値をデクリメント（1 を引く）する
- ecx レジスタの値がゼロ以外の場合、オペランドで指定したアドレスにジャンプする（ループする）
- ecx レジスタの値がゼロの場合、次の（下の）命令に進む（ループから抜ける）

　つまり、ecx レジスタをループカウンタとしてループを行う命令ということになります。

　この loop 命令は、以下のように書くこともできます。

```
decl %ecx    // ecxをデクリメント
jnz   loop1  // デクリメントした結果がゼロでない場合
             // loop1にジャンプする
```

　decl はデクリメントを行う命令、jnz はフラグレジスタ（eflags）を見て、直前の演算結果がゼロ以外の場合、指定アドレスにジャンプする命令です。

Column | goto 文有害論と構造化プログラミング

　アセンブリ言語ではジャンプ命令を多用します。ここで出てきたジャンプ命令に jnz（と loop もある意味そうです）があります。ジャンプ命令は、指定したアドレスにプログラムの制御を飛ばす命令です。つまりこれは、命令ポインタ（図 2-2 参照）に値をセットする命令と言えます。

　アセンブリ言語におけるジャンプ命令の概念をそのまま高水準語に導入したのが、あの悪名高き「goto 文」です。goto 文を安易に使うことにより、プログラムの流れが非常にわかりづらくなってしまうことから、「goto 文有害論（"Go To Statement Considered Harmful"）」が提唱されるようになりました（1968 年……もう 50 年以上も前の話ですね）。

　いまどきのたいていの高水準語では、goto 文を使用しなくてもプログラミングが可能です。そもそも goto 文自体が存在しない言語も多くあります。これは「構造化プログラミング」という考え方に則っています。

もちろん、goto 文を使用しないからといって、それだけで自動的に流れのわかりやすいソースコードが出来上がるか、と言えば、もちろんそんなことはありません。

たとえば、リスト 2-1 の for 文のところを goto 文で書き換えると、以下のようになります。

```
    i = 5;
loop1:
    write(1, msg, len);
    i--;
    if (i != 0) goto loop1;
```

とってもわかりづらいですね。いまどきの高水準言語の場合、こんな書き方をせずともプログラミング可能なのですが、アセンブリ言語、そしてその裏にある CPU の機能では、プログラムの流れを変えるためにはジャンプ命令を多用せざるを得ません。

⏻ スタック

最後に、リスト 2-3 のうち後回しにしていた 7 行目と 13 行目について解説します。

| 7行目 | pushl %ecx |

| 13行目 | popl %ecx |

ここでは pushl と popl というニーモニックが出てきました。これはいったい何でしょうか。ecx レジスタの動きに注目しながらリスト 2-3 をもう一度よく見てください。

6行目 ：ecx に 5 を入れる（ecx にループ回数をセット）
10 行目：ecx にメッセージのある場所のアドレスをセット
14 行目：ecx をデクリメント

14 行目の loop 命令では、どこにも ecx レジスタを使うように書かれてい
ませんが、loop 命令は ecx をループカウンタに使う決まりになっています。
他のレジスタをループカウンタにしたい場合は、loop 命令は使えません。

何か変ですね。6 行目と 14 行目では ecx をループカウンタとして使用して
いるのに、その同じレジスタを 10 行目では別の目的、つまりシステムコール
のためのパラメータを入れる場所として使ってしまっています。システムコー
ルをする場合には、ecx を必ず使う必要があります。

ecx はループカウンタに使う必要がありますし、システムコールのパラメー
タにも使う必要があります。でも ecx レジスタは 1 つしかありません。はて、
困りました。

「じゃあ、システムコールをする前に ecx の内容をどこかに退避しておいて、
終わった後に戻せばいいんじゃない？」

はい、そうです。そんな場合に使えるのが push と pop です（下のコード
の pushl と popl の最後の "l" は 32 ビットを表す）。

```
pushl %ecx
```

この命令を実行することにより、ecx の内容をとある場所に保管してくれま
す。

```
popl  %ecx
```

この命令を実行すると、とある場所に保管された内容を ecx に戻してくれ
ます。

この「とある場所」がスタックと呼ばれるメモリ上の領域です。

ポイント

「スタック」の本来の意味は、コンピュータで使われるデータ構造の一種
で、積み重ねられたデータのことです。push によってデータを積んでいき、
pop によって取り出します。スタックでは、最後に push で積んだデータが、
pop で最初に取り出されます。これを LIFO（Last In First Out、後入れ先
出し）と呼び、スタックの特徴です。

このメモリ上の領域のうち、最後に積んだデータの位置（アドレス）を保持しているのが esp レジスタです。

図 2-3 を見てください。

```
pushl %ecx
```

を実行することにより、esp レジスタの内容（つまり、スタックの最後のアドレス）が 4 だけ減算され、その後、新たな esp レジスタが指す位置に ecx レジスタの内容が保管されます。

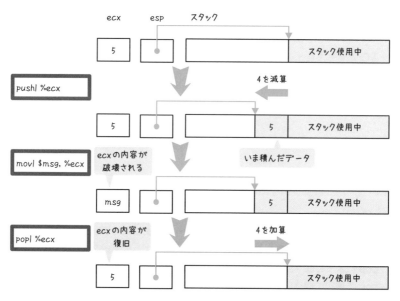

図 2-3　スタックの利用

これは、以下のように書くこともできます。

```
subl $4, %esp        // espから4を引く
movl %ecx, (%esp)    // ecxの内容を、espが指す先に格納する
```

(%esp) という書き方は、ここで初めて出てきました。これは、esp レジスタの内容をアドレスとみなして、メモリ上のそのアドレス位置の領域（movl なので 32 ビット = 4 バイト）という意味です。つまり C の間接参照のようなものです。

```
*esp = ecx;          /* もしCで書いたとすればこんな感じ */
```

こうやって積んだデータは pop で取り出すことができます。

```
popl  %ecx
```

これは、以下のように書くこともできます。

```
movl (%esp), %ecx   // espが指す先の内容を、ecxに格納する
addl $4, %esp       // espに4を足す
```

このように、push/pop を使うと、データを退避することができます。レジスタの数は限られていますが、こうやって退避させることにより複数の目的で使用することもできます。スタックはデータをとりあえず保管しておくために、ほかにもさまざまな場面で利用されます。

2.2 アセンブルと機械語

⏻ アセンブルリスト

　リスト 2-3 のソースコードはアセンブラによって機械語に翻訳されます。アセンブリ言語は機械語と 1 対 1 に対応しており、アセンブリ言語で書かれた 1 行（1 命令）がどのように機械語に翻訳されるかはアセンブラで表示できます。リスト 2-6 はその翻訳状況（アセンブルリスト）の表示例です。

リスト 2-6 : リスト 2-3 のアセンブルリスト

```
$ gcc -Wa,-a hello.s -o hello            ←アセンブルリストを表示
GAS LISTING hello.s                      page 1


   1                      .data
   2 0000 68656C6C    msg:    .ascii  "hello, world¥n"
   2      6F2C2077
   2      6F726C64
   2      0A
   3                  msgend: .equ    len, msgend - msg
   4
   5                      .globl  main
   6 000d B9050000    main:   movl    $5, %ecx
   6      00
   7 0012 51          loop1:  pushl   %ecx
   8 0013 B8040000            movl    $4, %eax
   8      00
   9 0018 BB010000            movl    $1, %ebx
   9      00
  10 001d B9000000            movl    $msg, %ecx
  10      00
  11 0022 BA0D0000            movl    $len, %edx
  11      00
  12 0027 CD80                int     $0x80
  13 0029 59                  popl    %ecx
  14 002a E2E6                loop    loop1
  15 002c C3                  ret


GAS LISTING hello.s                      page 2
```

```
DEFINED SYMBOLS
                hello.s:2       .data:0000000000000000 msg
                hello.s:3       .data:000000000000000d msgend
                hello.s:3       *ABS*:000000000000000d len
                hello.s:6       .data:0000000000000000 main
                hello.s:7       .data:0000000000000012 loop1

NO UNDEFINED SYMBOLS
$
```

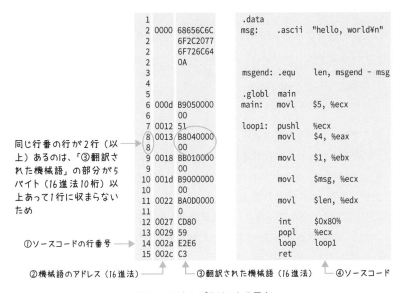

図 2-4　アセンブルリストの見方

　このリストの見方は図 2-4 に示したとおりで、④の部分がソースコードです。
そして機械語に翻訳されたものが③の部分になります。たとえば、8 行目の、

8行目	movl $4, %eax

は、機械語の「B804000000」に翻訳された、ということを表しています（こ
の機械語は 16 進法で表記されています）。

⏻ 機械語の命令

IA-32 の機械語（の命令フォーマット）はたいへん複雑です。過去の CPU と互換性を保ちながら機能拡張を重ねた結果です（64 ビットはもっと複雑ですので、本書では 32 ビットで解説しています）。

> **ポイント**
>
> IA-32 や x64 のように複雑な命令フォーマットと、数多くの命令を持つ CPU を CISC（Complex Instruction Set Computer）と呼びます。反対語は RISC（Reduced Instruction Set Computer）です。CISC と RISC については次章で解説します。

IA-32 の命令フォーマットはおおよそ以下のようになります（x64 のオペコードはもっと長いものがあります）。

- オペコード（1 〜 3 バイト）
- オペランドの情報（0 バイト以上）

ここでは「オペランドの情報」とひとくくりにしてしまいましたが、実際にはこの部分もかなり複雑な構造をしています。

図 2-4 のアセンブルリストから、アセンブリ言語と機械語を比較してみましょう。まず movl 命令です（表 2-2）。ここで、同じ movl なのに、オペコードが B8 だったり B9 だったり、はたまた BA や BB だったりします（実際には movl に対応するオペコードはもっとたくさんあります）。

これはオペコードの中（の一部のビット）にレジスタの情報も含まれているからです。ちなみに 6 行目と 10 行目は同じオペコード（B9）になっていますが、いずれも ecx レジスタに値をセットする movl 命令だったからです。

表 2-2　movl 命令と機械語

行	アセンブリ言語	オペコード	オペランドの情報
6	movl $5, %ecx	B9	05000000
8	movl $4, %eax	B8	04000000
9	movl $1, %ebx	BB	01000000
10	movl $msg, %ecx	B9	00000000
11	movl $len, %edx	BA	0D000000

では、次にオペランドの情報はどうでしょうか。表 2-2 に挙げた命令はすべて、32 ビット（= 4 バイト）の定数をレジスタにセットする命令でした。ですから、オペランドの情報の部分にはその 4 バイトの定数（「即値」と呼びます）がそのまま書かれます。6 行目であれば、定数の 5 を 4 バイトで表した「00000005」ということになります。

「あれっ？ 表 2-2 によれば、"00000005" じゃなくて "05000000" となっているんだけど？」

確かにそうですね。"00000005" は 4 バイトの数値です。これを 1 バイトずつ区切って書くと、「00 00 00 05」となります。

この数値をメモリ上の 4 バイトの領域に格納する場合、上の桁のバイトから順番に格納するやり方と、下の桁のバイトから順番に格納するやり方があり、IA-32 では後者を採用しています。そのため、バイト単位で順番が反転しているように見えています。

ポイント

複数バイトのデータをメモリに格納する場合、どのような順番で格納するかを「バイトオーダ」と呼びます。上の桁から格納する方法を「ビッグエンディアン」、下の桁から格納する方法を「リトルエンディアン」と呼び、IA-32 はリトルエンディアンを採用しています。この話は第 4 章や第 10 章でも取り上げます。

ほかの行の命令については表 2-3 を参照してください。なお、ここではたまたまオペコードが 1 バイトの命令のみになってしまいましたが、実際には 2 バイトや 3 バイトのオペコードも存在します。

表 2-3　その他の命令と機械語

行	アセンブリ言語	オペコード	オペランドの情報
7	pushl %ecx	51	
12	int $0x80	CD	80
13	popl %ecx	59	
14	loop loop1	E2	E6
15	ret	C3	

ストアドプログラム方式 とは

⏻ プログラム実行中のメモリの内容

アセンブラによって作成された機械語のプログラム、たとえば図 2-4 の③は、実行されるときに「ローダ」と呼ばれる OS の仕組みによってメインメモリ上に配置されます。その様子を見てみることにします。ここでもデバッガ (gdb) を利用します。

リスト 2-7 を見てください。くわしい説明は省略しますが、これは実行開始直前における、機械語プログラムが配置された部分のメモリの内容を表示したものです。このようにメモリの内容を表示したものを「メモリダンプ」と呼びます。メモリダンプの見方は図 2-5 を参照してください。

リスト 2-7 で表示されているメモリの内容と図 2-4 の③を見比べると、一部（色付きで示した部分）を除いて、まったく同じであることがわかります。つまり、アセンブラによって作成された機械語のプログラムは、そのままメモリ上に配置され、実行されることになります。

> 注意
> 色付き部分だけ異なっている理由は、この後すぐに解説します。

リスト 2-7 ：リスト 2-3 実行中のメモリダンプ

```
$ gdb hello                                    ←プログラムをデバッガ上で実行
(gdb) i line msg                               ←シンボルmsgのアドレス表示
No line number information available for address 0x80495bc <msg>
(gdb) x/48bx 0x80495bc                          ←アドレス0x80495bcからダンプ
0x80495bc   0x68   0x65   0x6c   0x6c   0x6f   0x2c   0x20   0x77
0x80495c4   0x6f   0x72   0x6c   0x64   0x0a   0xb9   0x05   0x00
0x80495cc   0x00   0x00   0x51   0xb8   0x04   0x00   0x00   0x00
0x80495d4   0xbb   0x01   0x00   0x00   0x00   0xb9   0xbc   0x95
0x80495dc   0x04   0x08   0xba   0x0d   0x00   0x00   0x00   0xcd
0x80495e4   0x80   0x59   0xe2   0xe6   0xc3   0x00   0x00   0x00
(gdb)
```

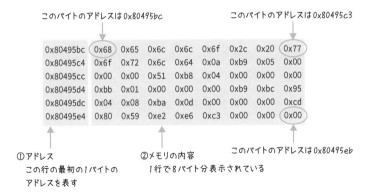

図 2-5　メモリダンプの見方

⏻ ローダによる再配置とアドレスの書き換え

　図 2-4 の②を見ると、機械語は 0000（0 番地）というアドレスから始まっているように書かれています。この機械語のプログラムが実際に実行される際には、ローダというプログラムによってメインメモリに配置されます。このとき、プログラムは必ずしも 0 番地から配置されるとは限りません……というか、現実には 0 番地はたいてい他の用途ですでに使われてしまっていて、配置することができません。そこで、ローダはプログラムを、メモリ上の空いている位置に配置します。リスト 2-7 の例では 0x80495bc というアドレスに配置していることがわかります。

　このとき問題があります。図 2-4 の 10 行目を見てください。

10行目	movl $msg, %ecx

機械語に翻訳されると、

10行目	B9 00000000

です。図 2-4 ではシンボル msg のアドレスは 0 番地ですので、機械語に翻訳したときもゼロ（00000000）です。ところが、このプログラムをローダが適当な位置に配置すると、シンボル msg のアドレスも変化します。今回実行し

たときは、リスト 2-7 からわかるように、msg は 0x80495bc というアドレスに配置されました。すると 10 行目は、

10行目	B9 <u>00000000</u>

↓ アドレス 0x80495bc に置き換え

10行目	B9 bc950408

のような置き換えが必要です。この置き換えはローダが自動的に行います。リスト 2-7 の色付き部分が、図 2-4 の機械語と異なっていた理由がこれです。

⏻ ストアドプログラム方式

このように、メインメモリ上にプログラムを配置して、CPU はそれを読み取りながら実行する方式を「ストアドプログラム方式」と呼びます。何やら当たり前のことを言っているような気もしますが、大昔（コンピュータの歴史の上での「大昔」、20 世紀中ごろなど）には、そうでないコンピュータも多く存在しました。

たとえば、プログラム自体が電気回路（ハードウェア）になっているものや、紙テープ [*1] からプログラムを読み取りながら実行するものなどなど。

いまどきのコンピュータは、一般的にはストアドプログラム方式を使用しています。いまとなっては当たり前の仕組みではありますが、こうやってアセンブリ言語と機械語を見ていくことによって、そのストアドプログラム方式が実感できるようになるのではないか、と思います。

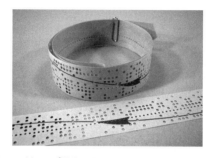

図 2-6　紙テープ媒体　写真提供：株式会社技術少年出版

---

*1　「紙テープ」と言っても、あの船から投げるやつではなく、紙テープリーダという機械に読み込ませる孔の開いたテープのことです。もしかすると、昔の映画などで見たことがあるかも知れません。

CPU

　前章まで、当たり前のものとして CPU という言葉や、その内部でどのような処理がされているかを見てきましたが、そもそも CPU とはどのようなもので、どんな機能があるかについて、あまりくわしく触れませんでした。本章では、そのあたりのことについて見ていくことにします。

3.1 コンピュータの最も重要な構成要素

⏻ コンピュータの5大要素

「コンピュータの5大要素」という表現が歴史的にあります。教科書的には以下の要素（装置）を指しているそうです。

- 演算装置
- 制御装置
- 記憶装置
- 入力装置
- 出力装置

図 3-1　IBM システム 360（1964 年）写真提供：日本アイ・ビー・エム株式会社

　現代のコンピュータにおいては、必ずしもこのような分類をもとにコンピュータが設計されているわけではありませんし、例外も数多く存在しています。ただ、このような要素分けをすることにより全体像をつかみやすくなるので、ひとまずこの5大要素に沿って見ていくことにします。

　この5大要素は「ノイマン型コンピュータ」と呼ばれている、いまどきのこの世に存在するほぼすべてのコンピュータに共通する特徴でもあります。このコンピュータは前述したストアドプログラム方式を採用している、という特

徴もあります。

これらの要素を、現実のコンピュータに当てはめてみると、おおよそ以下の
ようになります。

CPU   ：演算装置 / 制御装置
メインメモリ：記憶装置
いろいろ   ：入力装置 / 出力装置

> **注意**
>
> 「いろいろ」などと書いてすみません。でも、入出力装置は、ご存じのとおり、
> 本当にさまざまな種類のものがあります。有線 LAN や無線 LAN、USB や
> Bluetooth の先に接続されるキーボード、マウス、プリンタなどのさまざま
> な機器、画面表示を行う GPU とディスプレイなどなど。
> ここでは、ハードディスクや SSD といった「補助記憶装置」もこの中に含
> まれることにします（記憶装置の一種という考え方もありますが）。
> 入出力装置については、第 5 章で取り上げます。

図 3-2 を見てください。CPU にある制御装置は、記憶装置（メインメモリ、
主記憶装置）にある機械語のプログラムを順番に読み込みます。この操作を
フェッチと呼んでいます。制御装置は、そのプログラムを解釈（デコード）、
演算装置・記憶装置（や入力装置・出力装置）に指示を出します。それに従っ
て演算装置・記憶装置などが動く（実行）という仕組みです。

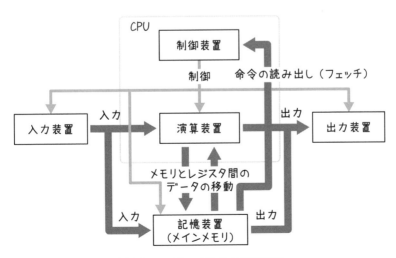

図 3-2　コンピュータの 5 大要素の関係

3.1 コンピュータの最も重要な構成要素　53

具体例で見てみます。前章の図 2-4（P.45）を再度見てください。たとえば、8 行目に、アセンブリ言語で書かれた、

> **8行目**　　`movl $4, %eax`

があります。これは 4 という値（即値）を eax レジスタにセットしている命令です。これは機械語になると、

> **8行目**　　`B804000000`

という 5 バイトのデータになります。これがメインメモリに格納されています。いまこの機械語の命令を CPU がフェッチしたとすると、CPU の制御装置は、「オペコードは B8 か。これはその後ろ 4 バイトの即値（04000000）を eax レジスタにセットしろ、という命令だな。よし、演算装置にそのように指示を出そう」と判断し、演算装置にその旨の指示を出します。この命令は演算装置だけで完結しているものでしたが、命令の種類によっては記憶装置や入力装置・出力装置に指示を出す場合もあります。

　このように、CPU は「フェッチ → デコード → 実行」という仕事を、メモリ上にある命令（機械語のプログラム）に対して順番に行っていることになります。

⏻ CPU とメインメモリ

　前章でアセンブリ言語のプログラムを見てきました。このプログラムで直接意識するのは、以下の 2 つです。

CPU 　　　　：命令を実行する
メインメモリ：機械語のプログラムやデータを格納する

　この 2 つが、コンピュータにおける最も重要な要素と言っていいのではないでしょうか。もちろん、処理すべき情報をプログラムに与えるための入力装置や、プログラムの処理結果を出力するための出力装置も必要不可欠な構成要素ではありますが、プログラムを動かすのに必要最低限な要素と言えば CPUとメインメモリということになります。

　メインメモリについては、次章で扱います。

先ほどから「メインメモリ」または「主記憶装置」という用語を使っています。これは、CPU からアドレスによって直接読み書きできるメモリのことを指します。単に「メモリ」とだけ呼んでしまうと、記憶素子（メモリチップ）、または SD メモリカードのようなものも指してしまい、混乱が生じるためです。なお、本書では誤解を生じない場面では、煩雑さを避けるためにメインメモリを単に「メモリ」と呼ぶこともあります。

CPU（中央処理装置、Central Processing Unit）は、コンピュータの 5 要素の中の演算装置・制御装置の 2 要素に該当します。昔の考え方では演算装置と制御装置は別々のハードウェアとして存在していたため、このような分け方をしていると考えられますが、現在は（というか、もう何十年も前から）CPU として 1 つの部品（IC）になっていることが多いので、通常、一緒にして CPU として扱います。

Column ｜ ジョン・フォン・ノイマン

ノイマン型コンピュータの「ノイマン」は人の名前です（ジョン・フォン・ノイマン、John von Neumann、1903-1957）。ノイマンは一般に「数学者」と紹介されていますが、その活動範囲はかなり広かったようで、黎明期のコンピュータ（計算機科学）の分野でも多大な功績を残しています。

最初期のコンピュータ EDVAC に関する文書（1945 年）の著者に彼の名前（のみ）が記載されていることから「ノイマン型コンピュータ」という用語が広まりました。実際には、ノイマンが単独でストアドプログラム方式その他「ノイマン型コンピュータ」の特徴を考案したわけではないそうですが。

なお EDVAC は、「世界初のコンピュータ」と言われることもある ENIAC を改良して作られたコンピュータで、ストアドプログラム方式を採用したことに特徴があるそうです。

3.2

CPU の外観

⏻ ピンアサイン

　初期のコンピュータにおける CPU、つまり制御装置や演算装置は、真空管やリレーを多数使った電気回路で、たいへん巨大なものでした。

> **ポイント**
>
> 「リレー」は、電気信号によって動作する機械的なスイッチ。電気信号によって電磁石が生成した磁力で、機械的なスイッチを動かす仕組みです。機械的なので、動作するときには「カチカチ」音がする、かなり原始的な代物です。

　いまでは、CPU（や、それに付随するさまざまな機能）が、1 個の IC（「チップ」とも呼ばれる）に収められています。このような「ワンチップ」の CPU のことは、マイクロプロセッサとも呼ばれます。

　IC と外部との信号のやり取りは、IC から生えている「ピン」を通じて行われます。マイクロプロセッサも IC ですから、このピンを通じて外部との信号のやり取りが行われます。インテルの CPU を例に取ると、昔の CPU、たとえば 8086 という 16 ビット CPU では、ピンの数は 40 本でした。最初期の 32 ビット CPU である 80386DX ではピンの数は 132 本に増加しています。さらに、いま PC などで一般的な 64 ビット CPU の場合、ピンの数は千から 2 千本以上にも及びます。

　CPU を挿すソケット名として、LGA1151 とか LGA2011 などを聞いたことがあるかも知れません。これは LGA という形式の、ピン数が 1151 本や 2011 本あるソケット、という意味です。

　では、実際に CPU に多数あるピンが、それぞれどんな働きをしているのでしょうか。それをこれから見てみたいと思います。とはいえ、LGA2011 のようにピンが 2 千本以上もある CPU について見ていくのはとてもたいへんですから、ここではピン数 132 本の 80386DX にしておきます。この CPU はインテルの 32 ビット CPU（IA-32）としては最初期のものです。前章では IA-32 上で動くアセンブリ言語のプログラムを見てきたことでもあり馴染みがあるのも、これを取り上げる理由の 1 つです。

　図 3-3 を見てください。80386DX という CPU（マイクロプロセッサ）は

どのようなピンを持ち、それぞれがどのような役割を持っているか（「ピンアサイン」と呼ぶ）を表した図です。

ポイント

この図では「Intel386™ DX Microprocessor」とあります。このCPUが最初に発売された当初は「80386」と呼ばれていたようですが、のちに（商標登録の問題やら何やらで）「Intel386」や「i386」という呼び方もされるようになったようです。いわゆる「大人の事情」というやつです。

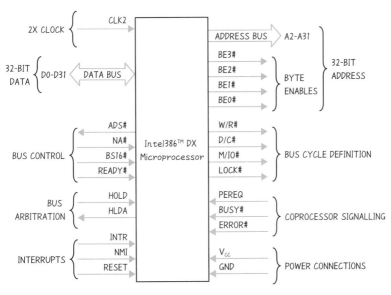

図 3-3　Intel 80386DX のピンアサイン
出典：Intel 80386DX データシート

図 3-4　Intel 80386DX（32 ビット）
裏側から見たピンの写真

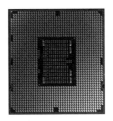

図 3-5　Intel Core i7（64 ビット、ピン激多）
裏側から見たピンの写真

⏻ アドレスバスとデータバス

図 3-3 で、まず最初に見ていただきたいのが、以下の 2 つです。

- DATA BUS（D0-D31）
- ADDRESS BUS（A2-A31）

データバス（DATA BUS）と呼ばれるピンは実際には 32 本あり、それぞれに D0 から D31 という名前が付いています。同様に、アドレスバス（ADDRESS BUS）には A2 から A31 のピンがあります。

> **注意**
>
> 「アドレスバスには A0 と A1 はないの？」と思われるかも知れません。そう、ないんです。32 ビット CPU だから、というのが答えですが、すぐこの後で説明します。

データバスとアドレスバスは、CPU とメインメモリをつなぐたいへん重要なピンです。図 3-6 を見てください。CPU とメインメモリの間のやり取りは、主としてこのデータバスとアドレスバスを利用して行われます。

ここでデータバスのそれぞれのピンは一度に 1 ビット（2 進法 1 桁）分のデータをやり取り（送信または受信）することができます。この CPU のデータバスは 32 本ありますから、一度にやり取りできるデータは 32 ビット（＝ 4 バイト）ということになります。このビット数はレジスタのビット数と同じですから、前章で出てきた以下のような命令では、一度に 32 ビット分の移動（メモリへの格納）ができることになります。

```
movl %ecx, (%esp)  // ecxの内容を、espが指す先に格納する
```

アドレスバスについても考え方は同じです。ただし、アドレスバスは A2 〜 A31 の 30 本で A0 と A1 がありませんが、A0 と A1 はいずれもゼロとみなされます。つまり、アドレスバスも 32 ビットの値を表現することができます。

> **ポイント**
>
> アドレスが 32 ビットということは、2^{32} 個のアドレスを表現できます。メインメモリの 1 バイトごとにアドレスを振っている場合（いま世の中にあるコンピュータのほぼすべてがそうです）、2^{32} つまり 4GB のメモリを指すことができます。

最下位の 2 ビットは必ずゼロですが、いっぺんに 32 ビット（4 バイト）アクセスできるわけですから、結局メモリ上のすべてのアドレスに対して読み書きできるので問題ありません。

> **ポイント**
>
> データバスは 32 ビット分あるわけですから、同時に 4 バイトに対してアクセスできます。ただ、場合によっては 1 バイト分だけ、とか、2 バイト分だけメモリに読み書きしたい、という場合もあり得ます。そういう場合に使われるのが、図 3-3 の BE0# ～ BE3# のピンです。4 バイトのうち、どのバイトを読み書きの対象にするか、をこのピンの信号で決めます。

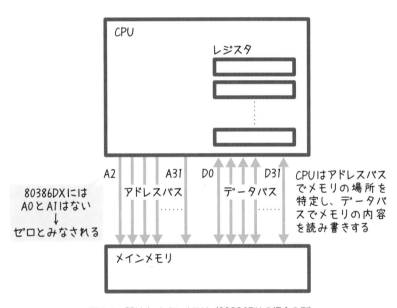

図 3-6　CPU とメインメモリ（80386DX の場合の例）

⏻ 「32 ビット CPU」とは？

これまで何度か「32 ビット CPU」という言葉を使ってきました。これはいったいどういう意味でしょうか。図 3-3 に掲載した 80386DX という CPU について見てみます。この CPU は、

[80386DX]

汎用レジスタのビット数　　　　　：32
データバスの本数（ビット数）　　：32
アドレスバスの本数（ビット数）：32（ただし 2 本は省略）

という特徴があります。このような CPU を一般に「32 ビット CPU」と呼んでいます。

「つまり、レジスタとデータバスとアドレスバスのビット数がすべて 32 ビットである CPU を「32 ビット CPU」と呼ぶ、ってこと？」

そうですね。おおよそ正しいのですが、例外もあります。たとえば、80386SX という、80386DX と命令レベル（アセンブリ言語レベル）で互換性のある CPU があります。この CPU の特徴は以下のとおりです。

[80386SX]

汎用レジスタのビット数　　　　　：32
データバスの本数（ビット数）　　：16
アドレスバスの本数（ビット数）：24（ただし 1 本は省略）

この CPU も IA-32 の一種です。ですから 32 ビット CPU に挙げられています。ソフトウェア的に見たときは、80386DX と同じ機械語のプログラムを動かすことができます。先ほど出てきた命令、

```
movl %ecx, (%esp)   // ecxの内容を、espが指す先に格納する
```

もそのまま実行することができます。

「あれ？ でも movl は 32 ビットの移動だったはず。でも 80386SX はデータバスが 16 ビットしかないわけでしょ。それはできないのでは？」

80386SX の場合、この movl 命令では、16 ビットずつ 2 回に分けてメモリへの転送を行います。

80386 という CPU は、インテルの初期の 32 ビット CPU です。その前は 80286 という 16 ビット CPU です。

[80286]

汎用レジスタのビット数　　　　：16
データバスの本数（ビット数）　：16
アドレスバスの本数（ビット数）：24

レジスタのビット数とデータバスの本数はともに 16 ですね。

世間でよく「〇〇ビット CPU」という呼び方がされますが、その〇〇に入る数値の厳密な定義があるわけではありません。汎用レジスタやデータバス・アドレスバスのビット数のいずれかを指していることが多いようです。なお、レジスタとメインメモリとの間でのデータの転送はきわめてよくある動作なので、一般的には、レジスタのビット数と同じだけのデータバスの本数がありますが、80386SX のように例外も存在します。

なお、64 ビット CPU の場合、前章の図 2-2（P.34）で示したように汎用レジスタのビット数は 64 ビットです。ただし、データバスやアドレスバスは、最近の 64 ビット CPU では、CPU の IC から直接外に出ているわけではなく、本数として単純に示すことはできません。

⏻ 入出力

アドレスバスとデータバスは CPU とメインメモリをつないでいるだけではありません。入力装置や出力装置ともつながっています（図 3-7）。アドレス

バスやデータバスの「バス（bus）」という用語は、この図のように、複数の装置が接続されているデータの伝送路のことを意味するコンピュータ用語です。

バスには複数の装置が接続されていますから、それらが勝手にデータのやり取りをしようとすると混乱が起こります。今回はくわしい説明は省略しますが、図 3-3 にある「BUS CONTROL」「BUS CYCLE DEFINITION」「BUS ARBITRATION」といったピンの信号で、そのあたりの「交通整理」をします。

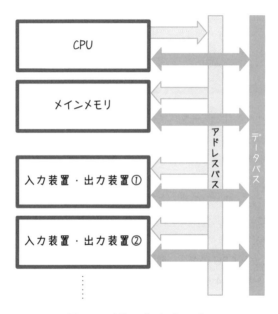

図 3-7　アドレスバスとデータバス

⏻ クロック

CPU は、機械語の命令を順番に実行していきます。メインメモリ上にある命令を実行する場合、「フェッチ → デコード → 実行」を順に行うことになります。このタイミングを取るために使われる信号のことをクロックと呼びます。例えて言うなら、手拍子やメトロノームでテンポを取りながら演奏をしたり歌を歌ったりするようなものでしょうか。CPU において、この手拍子やメトロノームに相当するのがクロックです。

図 3-3 を見てください。CLK2 というピンがあります。外部で生成したクロッ

ク信号をここから CPU に入力します。CPU はこのクロックを頼りに、タイミングを取って動作します。クロックは周波数（Hz、ヘルツ）という単位で表します（ヘルツは「1 秒間に何回」という意味です）。いま例に挙げている 80386DX という CPU は、12MHz ～ 40MHz のクロックを入力できる製品が販売されました。

3

> **ポイント**
>
> 12MHz（メガヘルツ）の M（メガ）は 10^6 つまり百万を表します。つまり 12MHz は 12,000,000Hz ということで、1 秒間に千二百万回です。なお、1990 年代ごろまでの CPU では、クロック周波数の単位として MHz を使用していますが、その後高速化され 1000 倍の GHz を使用するようになりました。G（ギガ）は 10^9 つまり十億の意味です。

クロック周波数を上げると、それだけ高速に CPU を動作させることが可能になります。しかし、いくらでもクロックを速くすることができるわけではありません。各 CPU には動作可能なクロック周波数が決められており、それを超える周波数のクロックを入力すると、

- 処理が間に合わなくなり、正常に動作しなくなる（いわゆる暴走）
- 発熱が多くなってしまい、CPU 自身がその熱に耐えられなくなる

といった障害が発生します。

> **注意**
>
> 個々の CPU が指定しているクロック周波数には、ある程度の余裕を見ていますので、少しくらいなら高い周波数のクロックを与えても、すぐさま暴走するようなことはありません。「オーバークロック」などと呼んで、規定より高い周波数のクロックを入力させて、少しでも高速に CPU を動作させようとする人もいます。

なお、命令の実行では、クロックでタイミングを取りながら「フェッチ → デコード → 実行」を順に行う、という話をしました。このとき、3 回分のクロック（3 クロック）で実行まで終わる、とは限りません。フェッチ・デコード・実行それぞれに複数回分のクロックが必要で、1 つの命令を実行し終わるまでには数十クロック必要なことも少なくありません。1 命令を実行するのに何クロック必要かは、CPU の設計にもよりますし、命令によっても違っているこ

とがあります。

　したがって、違う設計の CPU に対しては、クロック周波数だけで CPU の性能（速度）を比較することはできません。CPU の性能を表す指標として以前は MIPS（million instructions per second、「ミップス」と読む）という値がよく使われていました。これは、1 秒間に何百万命令を実行できるか、という値です。

　いまでは MIPS は CPU の性能を表す指標として使われなくなってきています。これには、以下のような理由があります。

- 命令セットやビット数の異なる CPU 間での比較が難しい
- 現実のプログラムとは異なる単純なプログラムで計るため、実際の性能とはかけ離れた値になる
- 画面表示やメモリ・ネットワーク・ディスクへのアクセス速度などを含まないため、コンピュータ全体としての能力を表す指標とはなっていない

　そのため、MIPS 以外のさまざまな指標（ベンチマーク）が考案されていて、それを測定（ベンチマークテスト）するためのソフトウェア（ベンチマークソフト）も多数存在しています。

⏻ 割り込みとリセット

　図 3-3 に戻ります。左下に「INTERRUPTS」と書かれた 3 本のピンがあります。ここは割り込み信号を CPU に伝えるためのピンです。プログラムが内部的に発生させる割り込み（ソフトウェア割り込み）は前章ですでに見ました。

```
int $0x80
```

　これは、Linux のシステムコールを行うための割り込みでした。対して CPU の外部から CPU のピンへの信号によって割り込みを発生させることもできます（ハードウェア割り込み）。単に「割り込み」と言えば、このハードウェア割り込みを指すことが一般的です。

　ハードウェア割り込みを発生させるピンは 3 本あります。

INTR　：通常の割り込み（マスク可能割り込み）
NMI　　：マスク不可割り込み
RESET：リセット

「マスク可能」「マスク不可」とは、プログラムがその割り込みを受け取ることを拒否できるかどうかを表しています。INTR（通常の割り込み）は、たとえば入力装置から「入力があったので、データを取り込んでください」などの要求を CPU に伝えるのに利用されます。いっぽう NMI（マスク不可割り込み）は、CPU の外部で何らかの回復不能なエラーが発生した場合など、限られた場合にのみ利用されます。いずれの割り込みが発生した場合でも、あらかじめ設定された割り込みハンドラと呼ばれるプログラムが実行されます。

　最後に RESET（リセット）です。これは最も特別な割り込みと言えるでしょうか。以前のパソコンには「リセットボタン」というボタンが付いていました。リセットボタンはこの RESET ピンとつながっています。IA-32 の場合、この RESET に信号が送られると、CPU のモードがリアルモードになり、アドレス 0xffff0 にある命令が実行されます。

> **ポイント**
>
> 「リアルモード」は 8086 という古い 16 ビット CPU と互換性を持った動作モードのことです。このモードではレジスタは 16 ビット、アドレスは 20 ビットで表現します。

　通常、この 0xffff0 には、コンピュータを初期化するためのプログラムへジャンプするための命令が書かれています。

Lesson 3.3 速くプログラムを動かすために

⏻ キャッシュメモリ

　CPU の進化の歴史は、高速化の歴史でもあります。より速くプログラムを動かすために、さまざまな工夫が重ねられてきました。ここではまずメインメモリへのアクセスの高速化について見ていきます（「アクセスの高速化」ではなくメインメモリ自体の高速化については、次章でお話します）。

　プログラム実行中のデータが格納される場所としては、レジスタとメインメモリが考えられます。レジスタは CPU の内部に存在し、最も高速にアクセスすることができます。それに対して、メインメモリは CPU の外部にあり、またあまり高速ではない DRAM という記憶素子を使用しているため、レジスタと比較するとかなり低速なアクセスしかできません。

> **ポイント**
>
> DRAM より高速なアクセスができる SRAM という記憶素子もあります。メインメモリに SRAM を使えば DRAM より高速にアクセス可能になることが期待できますが、SRAM は DRAM より高価な上、大容量化にも向かないため、通常使用されません。

　そこで、メインメモリへのアクセスを高速化するために考案されたのがキャッシュメモリという仕組みです。図 3-8 を見てください。キャッシュメモリの仕組みにはいくつかの種類がありますが、これはその一例です。この図において、キャッシュメモリは CPU とメインメモリの間に位置しています。

　いま CPU が、メインメモリのとあるアドレス（1000 番地とします）のデータを読み込もうとしたとします（①）。キャッシュメモリにそのアドレスのデータが存在しているかどうか確認し（②）、なければメインメモリから読み込みます（③）。と同時に、そのデータをキャッシュメモリにも保管しておきます（④）。

　次に、もう一度 1000 番地のデータを読み込むことにします（⑤）。今度はキャッシュメモリに 1000 番地のデータが存在しますので、そこに保管されているデータを返します（⑥）。このとき、メインメモリにはアクセスしません。

キャッシュメモリはメインメモリよりはるかに高速ですので、①より⑤のほうがずっと速くデータを読み込むことができる、という仕組みです。

なお、メインメモリにデータを書き込む場合（⑦）は、書き込むアドレスのデータがキャッシュメモリにある場合は、いったんキャッシュメモリに書き込みます（⑧）。その後でメインメモリに書き込むことになります（⑨）。

キャッシュメモリの大きさは、メインメモリより小さいので、どんどん保管していくと、いずれパンクしてしまいます。そのときは、最も使っていないデータから消していきます。つまり、よく使うデータほどキャッシュメモリ上に存在している可能性が高くなるので、メモリアクセスの高速化につながる、という仕組みです。

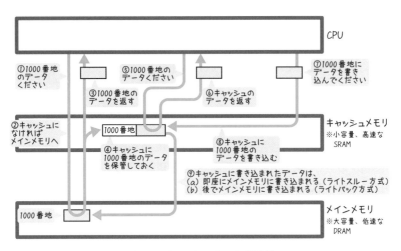

図 3-8　キャッシュメモリの設計例

キャッシュメモリは、コンピュータのハードウェア上でいったいどこに存在するものなのでしょうか。キャッシュメモリという仕組みが PC に導入された最初のころは、CPU（の IC）とは別個の IC としてキャッシュメモリが存在していました。

しかし、キャッシュメモリはできるだけ CPU に近い位置にあったほうが、高速化の点で有利です。そこで、キャッシュメモリを CPU の IC 内部に取り込む方向になってきました。いまでは「CPU」（もしくは「マイクロプロセッサ」）と呼ばれている 1 個の物理的な IC の中に、キャッシュメモリも内蔵されている形態が一般的です。

さらに、キャッシュメモリは1段ではなく複数段になっている設計も当たり前に存在しています。この場合、

CPUに近いキャッシュメモリ　：高速、高価、小容量
CPUから遠いキャッシュメモリ：低速、安価、大容量

という構成にすると最も効率的になります。いま一般にPCで使われているCPUには3段ほどのキャッシュメモリが搭載されています（図3-9）。最もCPUコアに近いキャッシュメモリをL1キャッシュ（level 1 cache）、その次はL2キャッシュ、L3キャッシュと称します。

　なお、図3-9にもあるとおり、いまどきのCPU（物理的なIC）には、純粋な意味でのCPUの機能（つまり制御装置と演算装置）以外にも、この図に示してあるようなキャッシュメモリや、ほかにもGPU（画像処理装置）なども統合されるようになってきました。そこで、いずれの意味での「CPU」なのかを明示する必要がある場合、本書では、以下のように表現することにします。

CPUチップ　：物理的なICとしてのCPU
CPUコア　：純粋な意味（制御装置 + 演算装置）でのCPU

　CPUチップにさらに多くの機能を集積したICのことは、SoC（System on a Chip）と呼び、たとえば小型軽量化、低消費電力化が必須なスマホなどの用途に使われています。

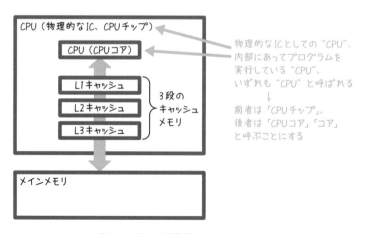

図3-9　CPUと複数段のキャッシュメモリ

⏻ 命令パイプライン

　何度か説明したように、機械語の 1 命令はおおよそ「フェッチ → デコード → 実行」のような順で処理されます。ここでは「実行」の部分をもう少し分割して、以下のような順で処理されることとします。

　①フェッチ → ②デコード → ③演算 → ④結果の書き出し

　「結果の書き出し」は演算した結果をメモリなりレジスタなりに書き出す処理だと思ってください。

　①～④はそれぞれやっている仕事がまったく異なりますから、それぞれの仕事を行うのは CPU の別の部分（別の回路）です。つまり CPU の内部に「フェッチ処理部」「デコード処理部」等々のような回路がある、ということになります。1 つの命令に対して、①～④の回路が順番に動作することによって、命令の処理が完了します（図 3-10）。

　こうやって 1 つの命令が完了したら、次の命令に対して同様の処理を行い、プログラムが進んでいくことになります。

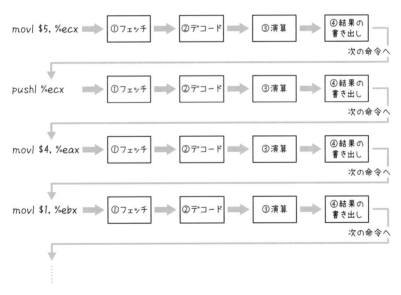

図 3-10　命令の実行

　さて、①～④は別の回路だ、と説明しました。そうだとすると、ある命令に対して「①フェッチ」の仕事を行っているときには②～④の回路は何も仕事は

していないことになります。「②デコード」処理部は、①の仕事が終わるのを待つ必要があります。①の処理が終わらなければ②の仕事は始められませんから、それは当たり前の話です。でも、CPU 全体として見たとき、休んでいる回路があるのは「もったいない」とも言えます。

そこで、できるだけ休んでいる回路をなくすように考案された仕組みが命令パイプラインです。図 3-11 を見てください。最初の命令がフェッチを通過してデコードに進むのと同時に、2 番目の命令のフェッチが始まります。最初の命令のデコードと 2 番目の命令のフェッチが終了すると、今度は 3 番目の命令のフェッチが始まります。

このように、最初の命令の処理が終了する前に 2 番目以降の命令の実行を開始することにより、①～④のすべての処理部が休まずに仕事をする、いわゆる「流れ作業」を行っています。この仕組みのことを命令パイプラインと呼びます。命令があたかもパイプの中を流れていく、ベルトコンベアのようなイメージです。

ここでは 4 段の処理部があるパイプラインを例示しましたが、最近では 10 段から 20 段ほどの段数（パイプラインの長さ）のパイプラインを持つ CPU が一般的です。

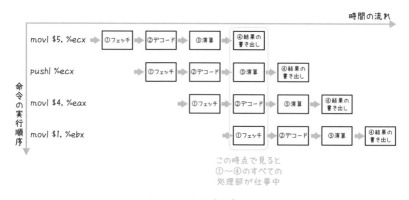

図 3-11　命令パイプライン

⏻ 分岐予測と投機実行

命令パイプラインを使うことにより、CPU 内で休んでいる回路をできるだけなくし、プログラムを高速化できるようになりました。ただ、命令パイプラ

インには欠点があります。いつでも流れ作業で順番に命令を実行できればいいのですが、必ずしもそううまくはいかないものです。たとえば条件分岐です。条件によって「次の命令に進む」または「指定した飛び先にジャンプする」のが条件分岐です。つまりこの条件分岐命令があると「次の命令は何か？」ということが、その場になってみないと決まらない、という状況に陥ります。

　命令パイプラインは、前の命令が終わる前に先の命令をどんどん先読みして実行することによって高速な処理を実現しているものでした。しかし、そもそも「先の命令」が条件分岐によって「どれだかわからない」ということになってしまうわけです。

　そこで考案された仕組みが分岐予測と投機実行です。名前からなんとなくわかるとは思いますが、分岐予測は条件分岐においてどちら側に分岐しそうか予測する仕組みです。予測手法にはたくさんの種類があり、ここでは解説しませんが、その予測に従って次の命令を決定するわけです。これはあくまで「予測」ですから、外れることもあります。この予測によってプログラムの流れを先読みして実行するので、これを投機実行と呼びます。

　株の投機で失敗すれば多大な損失が発生するのと同様に、分岐予測が外れ投機実行が失敗に終われば、多大な（時間的）損失を被ります。つまり、せっかくパイプラインを流れていた「たぶん次に実行されるであろう」命令の処理は中止され、最初からやり直しになってしまうからです。

⏻ その他の CPU 高速化技術

　いわゆる「ノイマン型コンピュータ」の特徴に、命令を1個ずつ順番に実行する、というものがあります。我々がプログラムを書くときも、そういう前提でコーディングしているはずです。そして、そのようにして書かれたプログラムは、CPU にとっては必ずしも最適で高速な処理ができるものになっているわけではありません。

　「命令を1個ずつ順番に実行する」という考え方から少し外れて、プログラムを高速化する手法がいくつかあります。

- **スーパースカラ**
  命令パイプラインでは、各段の処理部はそれぞれ1個です。これを複数設けて並列に実行可能として、全体の処理高速化を図ったものがスーパースカラです。特に、各段の処理部をすべて同数だけ設ければ、パイプラインが複数の本数あることになり、完全に並列に複数命令が実行可能です。

- **アウトオブオーダ実行**

機械語の命令は、必ずしも順番に実行しなくてもよい場合もあります。たとえば前章のリスト 2-3（P.28）の 8 ～ 11 行目、

```
8行目     movl $4, %eax
9行目     movl $1, %ebx
10行目    movl $msg, %ecx
11行目    movl $len, %edx
```

は、どの順番に実行しても問題は起こりません。CPU が命令を先読みして、命令の順番にとらわれず、実行可能な命令から実行する方法をアウトオブオーダ実行と呼びます。スーパースカラと組み合わせれば、複数命令を並列に実行することも可能です。

- **SMT**

SMT（同時マルチスレッディング、Simultaneous Multithreading）は、スーパースカラによって設けられた各段の処理部やパイプラインを効率的に使うために、1 つの CPU コアをあたかも複数の CPU コアがあるように見せかける技術のことです。インテルはこの SMT のことをハイパースレッディングと呼んでいて、この名称のほうが一般的によく使われます。

- **SIMD**

大量のデータに対して一律の演算を行う（ベクトル演算）場合、一般的なプログラムでは for ループなどでデータを 1 個ずつ演算する必要があります。これをまとめて一度に演算する命令を SIMD（single instruction multiple data）と呼びます。

このような大量のデータに対する一律の演算が必要な例としては、音声・映像データ（いわゆる「マルチメディア」データ）があります。インテルの CPU で最初にこの SIMD 命令が導入されたとき、同社がこれを MMX（MultiMedia eXtensions）と呼んだのも、マルチメディアデータの処理に有用だったからと言えます。

⏻ マルチコア、マルチプロセッサ

いま一般的に使われている OS では、同時に多くのプログラムが協調し動作しています。

したがって、プログラムの高速化は、ある特定のプログラムだけ速くなればいい、というものではありません。自分の作ったプログラムだけ速ければ、あとは知ったこっちゃない、とは行きません。多数のプログラムが同じコンピュータ・CPUを使って動作しているのですから、それら全部が高速化されなければ、コンピュータシステム全体の高速化は望めません。

このような場合の高速化には、力業ではありますが、コンピュータに複数のCPUを搭載する、という手が有効です。

マルチコア　　　　　：CPUチップに複数のCPUコアを搭載
　　　　　　　　　　　⇒物理的には、1個のCPUチップにしか見えない
マルチプロセッサ　：コンピュータに複数のCPUチップを搭載

マルチコアにおいて、CPUチップに搭載されているコアの数を「コア数」と呼んでいます。外見上は1つのCPUチップですから、その中にいくつのコアがあるかは見た目からはわかりません。コア数を知りたければ、CPUの型番からメーカーのサイト等で調べる必要があります。いま一般的にPCなどで使われているCPUでは、コア数は1～8程度が多いようです。サーバ用CPUなどでは20コア以上のものも存在します。

いっぽう、マルチプロセッサは、物理的なCPUチップが1つのコンピュータに複数搭載されていることを指します。搭載可能なCPUチップの数を「ソケット数」と呼びます。CPUチップはソケットに挿しますので、そのソケットの数、という意味です。最近はマルチコアが一般的になったこともあり、一般的なPCではあまりマルチプロセッサ構成は採用されない傾向にあります。いっぽう、サーバではマルチプロセッサは、仮想化技術の普及に伴い、必要性が増しています。

　自分のPCでどのような高速化技術が使われているかは、ある程度見ることができます。たとえばWindows 10を使用している場合ならば、以下のように操作します。

STEP 1　タスクバーで右クリックして「タスクマネージャー」を選択する。
STEP 2　表示されたタスクマネージャーの左下に「詳細 (D)」という表示があった場合は、その「詳細 (D)」をクリックする。
STEP 3　上部にある「パフォーマンス」タブをクリックする。

　すると、図3-12のような表示が現れます。ここでさまざまな情報を知ることができます。

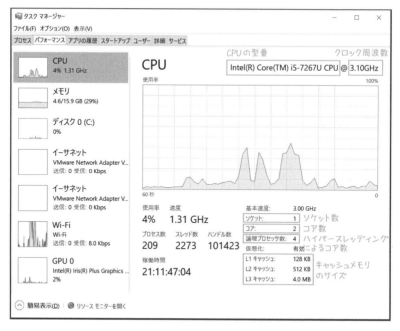

図3-12　タスクマネージャーの「パフォーマンス」タブ

3.4 さまざまな CPU

⏻ RISC と CISC

ここまで例に挙げた IA-32 という種類の CPU（80386 以降の 32 ビット CPU）や、その祖先にあたる 16 ビット CPU、また子孫にあたる現在では主流となった 64 ビット CPU が持つ命令はたいへん複雑です。前章で説明したように、機械語の命令（オペコード）は 1 ～ 3 バイトと可変長であり、命令によってその後ろにオペランドがある場合もない場合もあり、オペランドの長さもまちまちです。命令自体も非常にたくさん存在します。命令の数は数え方によっても変わってきますが、たとえば「IA-32 インテル アーキテクチャ ソフトウェア・デベロッパーズ・マニュアル」という文書の「命令セット・リファレンス」にある命令の数を地道に数えてみたところ、342 個もありました（なお x64 の命令セットも調べてみたところ、651 個でした）。

CPU はこれらの命令をメモリからフェッチしてデコードするわけです。しかも命令は 1 バイトから 3 バイトの可変長、オペランドはあったりなかったりするのです。命令がこれだけの数もあるということは、機能的にもかなり豊富です。これを電気回路（「ワイヤードロジック」と呼ばれる）で実現するのは、かなりたいへんなことではないか、と想像できます。

> **ポイント**
>
> あまりにも命令セットが複雑なため、それをワイヤードロジックで実現するかわりに「マイクロプログラム」と呼ばれる一種のインタープリタを内蔵して、複雑な命令を簡単な命令に置き換えて実行する仕組みになっているCPU もあります。

このように複雑な命令セットを持っている CPU のことを一般に CISC（Complex Instruction Set Computer、「シスク」と読む）と呼びます。

　命令セットが複雑になればなるほど、それを実現する回路の規模も大きくなり作りづらくなりますし、プログラムの実行速度も上げにくくなります。しかも、せっかくたくさんの命令を用意してもアセンブリ言語のプログラマや、高水準言語のコンパイラは、ほとんどの場合、一部の限られた命令しか使っていないことが知られるようになりました。

　そこで提唱されたのが RISC（Reduced Instruction Set Computer、「リスク」と読む）です。RISC の主な特徴を挙げます。

- 命令が固定長
- 命令数を絞る
- 複雑な演算命令はなし

　このため、命令のフェッチやデコードがやりやすく、演算も原則 1 クロックで終了するため命令パイプラインでの待ちが発生しづらく、効率的にプログラムを実行できる、という利点があります。単純な命令セットのため CPU 回路の規模も小さく、CISC と比較すると作りやすいのも優れた点です。

　「RISC はいいとこだらけだね。じゃあ、世の中の CPU はぜんぶ RISC に置き換わったの？」

　ところが、そう簡単には行きません。たとえば、これまで PC 用の CPU としてずっと使われてきたのは CISC であるインテルの x86 や IA-32、x64 です。これを突然 RISC の CPU に置き換えることはできません。機械語の命令セットがまったく違うからです。つまり、いままでインテルの CPU で動いてきた機械語プログラムは、そのままでは RISC の CPU で動作しません。これは「互換性がない」ということです。

　1990 年代中盤ごろ、世の中の CPU はぜんぶ RISC に置き換わるのでは、という勢いがありました。SPARC（サンマイクロシステムズ）、PowerPC（IBM）、Alpha（DEC）、PA-RISC（ヒューレットパッカード）など、世界中の名だたるメーカーが競って RISC を発表しました。しかし、結局のところイ

ンテルの x86（や IA-32、x64）の勢いを止めるまでにはなりませんでした。ただし、PC 以外にも目を向ければ、いま世界中で最も普及している CPU と言えるのは、ARM という RISC です。ARM はスマホや組み込みシステム、ゲーム機などでたいへん大きなシェアを占めています。

Column | **CISC を RISC に置き換えた例**

　本文中で、「（CISC を）突然 RISC の CPU に置き換えることはできません」と書きました。PC の世界でも、ひところ、RISC に置き換える方向性になろうとしたことはあったのですが、結局その動きは主流にはなりませんでした。マイクロソフトも RISC 用の Windows などを発売したことはあり、最近では ARM 版 Windows 10 などもあるのですが……。

　しかし、世の中には CISC を RISC に置き換えて成功した例もないわけではありません。アップルの Macintosh がその例です。もともと Macintosh は CPU としてモトローラの 680x0 という CISC を使用していました。これを RISC である PowerPC に乗せ換えたのが PowerMac（1994 年～）です。

　本文でも説明したとおり、命令セットの異なる CPU では、機械語のプログラムには互換性がありません。それでもあえてアップルが CPU の変更を行った背景には、モトローラ 680x0 の今後の発展性が見込めなかったことにあるようです。ただ、命令セットの異なる CPU への変更は大きなリスクを伴います。簡単に言えば、ユーザが CPU の変更にそっぽを向いて、売れなくなるリスクです。そのリスクを最小限にするためアップルは PowerMac 上で、過去の 680x0 用のプログラムが動作するエミュレータを OS に搭載しました。

> エミュレータとは、あるハードウェア（例：PowerMac）上で、あたかも他のハードウェア（例：680x0 搭載 Macintosh）であるかのごとく見せかけるソフトウェア（など）のことです。

　エミュレータの実行速度はそれなりでしたが、過去のユーザ資産である 680x0 用のプログラムが問題なく動作する、ということで PowerPC 搭載の Macintosh への移行が比較的順調に進みました。

　しかし、アップルの CPU 変更の歴史にはまだ続きがあります。せっかく RISC への変更を果たした Mac（そのころには "Macintosh" ではなく "Mac" と呼ばれるようになっていた）は、またまた CPU 変更を行います。今度は

PC 用で独占的に近いシェアを持つインテルの CPU への変更です（2006 年～）。つまり RISC → CISC への再変更です。

　このころには、「RISC vs CISC」のような議論は無意味になりつつあり、売れている CPU が最も性能もコストパフォーマンスも高い状況になってきました。そういう意味でインテルの CPU を使うのは自然なことと言えるかも知れません。なお、アップルは Mac の CPU をまたまた変更して、iPhone と統一化（ARM）することも考えているようです（本稿執筆時点）。

⏻ ARM

　いま説明したように、ARM は現在までに世界で最も成功した RISC と言えます。アップルの iPhone をはじめ、携帯電話・スマホの CPU として広く使われています。そのほかにも、さまざまな組み込みシステム、身近なところでは家電製品、自動車、Wi-Fi ルータのようなネットワーク関連機器、デジタルカメラ、ゲーム機などなど、挙げればきりがありません。たぶん、皆さんも ARM が内蔵された機器を 2 つや 3 つ、いやもしかしたら 10 や 20 は持っているかも知れません。それも、まったく意識せずに。

ポイント

　この「まったく意識せず」というところが ARM の大きな特徴かも知れません。これが PC ならば「自分の PC にはインテル（いや AMD かも知れませんが）の○×△という CPU が入ってる」と言える人も多いことでしょう。

　ARM の主な特徴を挙げれば、以下のようになります。

① 低消費電力
② 小さい
③ RISC（一応）
④ 設計は ARM 社[*1]、けれど、自社では CPU チップは製造していない

　①と②はいいですね。組み込み用途にはもってこいの特徴を備えています。特にバッテリ駆動の携帯機器では消費電力は少なければ少ないほどいいですし、大きさは小さければそれに越したことはありません。言葉は悪いですが、

[*1]　2016 年にソフトバンクグループが ARM 社（正確には ARM 社の親会社である ARM ホールディングス社）を買収して子会社化し、話題になりました。

物量にモノを言わせて、電気をバカ食いするインテルの CPU の対極にあると言えます。

③にあるように、ARM は一応 RISC の仲間に入っています。ただ、あまりバカ真面目に（「教条主義的」に？）RISC の理念を守るのではなく、CISC 的な要素も取り入れて、使いやすい CPU になっているという特徴もあります。

たとえば、CISC であるインテル IA-32 のオペコードは 1 バイトから 3 バイトの可変長でした。対して、多くの RISC はオペコードは固定長で 4 バイトです。するとどういうことが起こるかというと、RISC のほうが機械語プログラムの長さが長くなってしまいます。つまり RISC のほうがメモリ効率が落ちる、ということです。

組み込み用途のように、メモリもふんだんに積めないことが多い環境では、メモリを多く使うのは不利です。そこで ARM には「機能は限られるけどオペコードが 16 ビット」という動作モードもあり、メモリ効率の向上を図ることもできます。ほかにも ARM には CISC 的な要素があり、純粋な RISC ではない、とも言えます。逆に、インテルの x64 等の CISC にも RISC 的な設計も取り入れられるようになっており、RISC と CISC の境界はあいまいになりつつあります。

特徴の最後④です。ARM は ARM 社が設計しています。ただし、ARM 社は設計だけ行い、それを半導体製造会社などに販売しています。その設計をもとに半導体製造会社が CPU チップを製造しているという構図です。

⏻ インテルと AMD

　いま現在、PC や Mac で使用されている CPU はインテル製（か、それと互換性のある AMD 製）の CPU を使用しています。ここで主なインテル製の CPU（PC で使用されているもの、およびその直接の祖先とみなされるもの）についてまとめました（表 3-1）。インテルは同じ製品名を長いこと使いまわす場合が多く（例：Pentium）、わかりづらいところがあるのですが、おおよその流れとして見てください。

表 3-1　インテルの主な CPU

ビット数	命令セット	発表年	製品名	備考
4 ビット		1971 年	4004	最初期のマイクロプロセッサ
8 ビット		1974 年	8080	ホビー用コンピュータによく搭載
16 ビット	x86	1978 年	8086 8088 など	IBM PC や初期の PC-98 などに搭載
		1982 年	80286	PC/AT などに搭載
32 ビット	x86 (IA-32)	1985 年	80386 (i386) 80486 (i486) Pentium Core など	
64 ビット	x64	2006 年	Core 2 以降 現在まで	

　8086 以降 80486 まで、この系列の CPU は 80x86 という名前が付いているので、のちにこれらを総称して "x86" と呼ぶようになりました。これら x86 の命令は 8086 から互換性を保ったまま進化（命令の追加等）していったため、x86 は命令セットの名前としても使われるようになりました。

　その x86 の中でも、特に 32 ビット CPU を IA-32 と呼んでいます。なお "IA" は "Intel Architecture" の略だそうです。ということは、IA-32 を 64 ビットに拡張した CPU は IA-64 と呼びそうなものなのですが、これは違います。IA-64 は x86 や IA-32 とはまったく異なる命令セットを持った Itanium という CPU になります。そして、IA-32 の 64 ビット拡張版は x64 と称しています。

　さて、これらインテルの CPU には、互換性のある他社製品が存在しています。

互換性とは言っても、そこにはさまざまな「互換性」が存在します。たとえば以下のような「互換性」です。

- **ピン互換**
  CPU チップの形状が同じで、ピンアサインや電気的特性等も一致しており、ソケットに差し替えれば動作する

- **ソフトウェア互換**
  ピン互換ではないが、命令セットが（ほぼ）同一で、機械語プログラムがそのまま動作する

いまインテル CPU と互換性のある CPU を製造している有名なメーカーに AMD（Advanced Micro Devices）社があります。AMD は古くより互換 CPU を製造しています。初期のころはインテル CPU と差し替え可能なピン互換の製品を発売していましたが、いま発売されているのはソフトウェア互換の製品になります。

じつは、IA-32 CPU の 64 ビット化の際には、AMD はインテルに先んじて 64 ビット CPU の販売を開始しました（このとき命令セットを「AMD-64」と称した）。いっぽうインテルは CPU の 64 ビット化の際に、IA-32 とは異なる命令セットの IA-64 を後継にしようとしました。しかし、Windows を作っているマイクロソフトからの要請などもあり、結局 IA-32 からの移行が容易な AMD-64 を自社（インテル）でも採用することになってしまいました[2]。

x86（IA-32）や x64 は代表的な CISC です。RISC が提唱されたころは、CISC は徐々に衰退しているもの、という一般的な空気がありました。しかしインテルは、x86 で稼いだ豊富な資金力とそれを使った開発力によって、CISC でありながら高速、かつ、手ごろな価格（一般消費者向け PC に搭載できるほどの価格）で CPU を供給してきました。今後も、当面はその状況は変わらないものと思われます。

---

[2]　自社の互換 CPU を作っているメーカー（AMD）が考案した命令セットを、自社（インテル）が採用せざるを得なかったのは、ある意味屈辱的といえるかも知れません。そして、IA-32 の 64 ビット拡張版が IA-64 とは呼ばれないのは、こんな理由によります。

| **「PC」という単語**

　ここまで「PC」という単語を当たり前のように使ってきました。もちろんこれは「パーソナルコンピュータ」の略語なのですが、「PC」と表現した場合、もう少し狭い意味で使われることが多く、本書でも、基本的にはその狭い意味で使っています。

　その昔、1981 年に IBM は IBM PC という名前のパーソナルコンピュータを、1984 年にはその改良版である PC/AT を発売しました。いずれもインテルの x86 CPU を使用しています。

　これらの商品はヒットし、それに伴って PC/AT と互換性を持ったコンピュータが各社から発表され、互換機市場が形成されていくことになります。互換機は独自の進化を遂げ、「PC/AT 互換機」「AT 互換機」、日本では「DOS/V 機」などと呼ばれ、じきに単に「PC」と呼ばれるようになりました。いま現在の「PC」は、独自の進化を遂げすぎていて、往年の PC/AT とは似ても似つかないようにはなっていますが、歴史をたどれば PC/AT にたどり着く、という意味でやはり PC です。

> 「DOS/V 機」の「DOS/V」とは、当時それらの互換機で動作した日本語 OS の通称です。だから「DOS/V 機」という呼び方は日本独自です。

　なお、日本においては NEC が、PC/AT 互換機とは設計が異なる PC-9800 シリーズのコンピュータを 1982 年に発売開始し、普及していました。こちらも PC と呼ばれたりしたこともありましたが、PC/AT 互換機と区別するために「PC-98」または単に「98」という呼び名も一般的でした。なお、この 98 もインテルの CPU を使っていました（短い期間でしたが、一時期は、インテル互換の NEC 製の V シリーズという CPU が使われていました）。

　さて、互換機市場が花開いても、最初に開発した IBM にとっては何の利益にもなりません。そこで、IBM は PC/AT の後継機として PS/2 という知的財産権でがちがちに縛って互換機を作るのを難しくしたコンピュータを発売したのですが……ユーザはそっぽを向いてしまい、こちらはあまり売れませんでした。

メモリと仮想記憶

　本章では、メモリ（記憶装置）について見ていきます。まず、メモリがアセンブリ言語からどのように見えるのか、メモリ上にはデータがどのように格納されるのか、といったこと、そしてアドレス空間や仮想記憶の概念についても解説します。

4.1 メモリと
プログラミング言語

⏻ 変数とメモリ

　高水準言語において、データは変数（やオブジェクト、配列など）に格納されます。たとえば、C や Java などの言語で

```
int n;
```

と書くと、int 型（整数型）の変数 n が宣言され、（少なくともこの変数が使用されるまでには）データを格納する場所が確保されます。この「データを格納する場所」は通常、メモリ上の領域になります。int 型が 32 ビット（4 バイト）の場合、確保されるメモリ上の領域も当然のことながら 4 バイトです。

ポイント

32 ビット CPU（IA-32）では int 型は 32 ビットです。64 ビット CPU（x64）の場合も int 型はたいてい 32 ビットです。C の型とそれに割り当てられるビット数の関係を表 4-1（データ型モデル）に示します。

表 4-1　データ型モデル

名称	データ型					備考
	short	int	long	longlong	ポインタ	
LP32	16	16	32	64	32	
ILP32	16	32	32	64	32	32 ビット CPU で一般的
LLP64	16	32	32	64	64	64 ビット Windows
LP64	16	32	64	64	64	64 ビット Linux（UNIX）
ILP64	16	32	64	64	64	

余談ですが、C の場合は register というキーワードがあり、

```
register int n;
```

という書き方もできます。これは変数 n のための領域をメモリではなくレジスタに確保してほしいなあ、というプログラマの願望を表す呪文のようなものです。

> **注意**
>
> 「願望を表す呪文」などという怪しげな表現をしたのには訳があります。たとえば IA-32 の場合で考えてみれば、int 型の変数を割り当てることができそうなレジスタは、汎用レジスタの eax ～ edx までのたった 4 つしかありません。ebp、esi、edi、esp も汎用レジスタとは呼ばれていますが、用途が決まっているので変数用にはあまり使われません。
>
> コンパイラは、たった 4 つしかない汎用レジスタを使いまわして機械語プログラムを作成する必要がありますから、あるレジスタを変数用に占有する余地はほとんどありません。ですから、「register int n;」と書いたとしても、コンパイラはそれをあっさり無視してメモリに割り当てることも十分考えられます。

さて、第 2 章のリスト 2-1（P.26）を再度見てください。これは C で書かれたプログラムです。このプログラムでは、i と msg と len という 3 つの変数を使っています。これらの変数にはそれぞれメモリ上の領域が確保されていることになります。

次にリスト 2-3（P.28）を見てください。これはリスト 2-1 と同様のことをするアセンブリ言語のプログラムです。このプログラムでは msg と len というシンボルが使用されています。これはリスト 2-1 の C プログラムの msg と len とおおよそ同じ意味合いで使用されています。しかしリスト 2-3 には、リスト 2-1 にあった変数 i に相当するものは出てきていません。この変数 i はいわゆるループカウンタと呼ばれるループ回数を数えるための変数でした。いっぽうリスト 2-3 のアセンブリ言語プログラムでは、ループカウンタは ecx レジスタを使用していたのです。

もちろん、ループカウンタをレジスタではなく、リスト 2-1 の C プログラムのようにメモリ上の領域に置くこともできます。そうやってリスト 2-3 を書き直したのがリスト 4-1 です。i という領域を確保（2 行目）し、それをループカウンタにしています。

リスト 4-1：hello.s（ループカウンタをメモリ上に確保）

```
1    .data
2    i:      .int    0
3    msg:    .ascii  "hello, world¥n"
4    msgend: .equ    len, msgend - msg
5
6    .globl  main
7    main:   movl    $5, i
8    loop1:  movl    $4, %eax
9            movl    $1, %ebx
10           movl    $msg, %ecx
11           movl    $len, %edx
12           int     $0x80
13           decl    i
14           jnz     loop1
15           ret
```

リスト 4-1 について、さらに見ていきましょう。

[リスト 4-1]

```
13行目    decl i
14行目    jnz  loop1
```

ここは、リスト 2-3 のプログラムでは、

[リスト 2-3]

```
14行目      loop loop1
```

となっていた部分です。loop 命令は ecx レジスタをループカウンタに使用するのが前提の命令でしたので、今回は使えません。ですので、

[リスト 4-1]

```
13行目      decl i
```

で、i の領域の内容をデクリメント（1 を引く）して、

[リスト 4-1]

```
14行目    jnz  loop1
```

で、演算結果がゼロ以外の場合は loop1 にジャンプするようにしています。

なお、リスト 2-3 にあった pushl と popl 命令はリスト 4-1 ではなくなっています。この pushl/popl は、ecx レジスタを使いまわすために、レジスタの内容を退避するための命令でした。リスト 4-1 では ecx レジスタをループカウンタとしては使わなくなったために、退避する必要がなくなったのです。

⏻ 自動変数・ローカル変数

　リスト 2-1 の C プログラムでは、変数 i（や msg、len）は関数の内部で宣言しています。このような場所で宣言した変数のことを自動変数と呼びます。ここで「自動」とはどういう意味かというと、関数が呼び出された時点で自動的に変数用の領域が確保され、また関数から抜けると自動的に変数用の領域が解放（破棄）される、ということです。他の言語（たとえば Java）などではローカル変数とも呼ばれています [*1]。

　「自動変数はスタックに領域が確保される」という話を聞いたことがあるかも知れません。スタックは第 2 章で説明しました。そのときは、レジスタの値をいったん退避（pushl 命令）し、後で復旧（popl 命令）するために使っていました（図 2-3、P.42）。最後に積んだ場所を指すのは esp（スタックポインタ）というレジスタです。

　スタックにはほかにもさまざまな活用法があり、自動変数用の領域を確保するためにも使われます。リスト 4-1 のプログラムにおいて、ループカウンタを自動変数風にしたのがリスト 4-2 です。リスト 2-1 の C プログラムでは msg や len も自動変数ですが、ここでは変数 i のみ自動変数風にしています。

[*1]　領域が自動的に確保されたり解放されたりする、という意味では自動変数と呼ぶほうがわかりやすいのではないでしょうか。

```
 1   .data
 2   msg:    .ascii  "hello, world¥n"
 3   msgend: .equ    len, msgend - msg
 4
 5   .globl  main
 6   main:   pushl   $5
 7   loop1:  movl    $4, %eax
 8           movl    $1, %ebx
 9           movl    $msg, %ecx
10           movl    $len, %edx
11           int     $0x80
12           decl    (%esp)
13           jnz     loop1
14           addl    $4, %esp
15           ret
```

リスト 4-2 について、くわしく見ていきましょう。

6行目　　　pushl $5

この命令により、5 という数値がスタックに積まれます。この値は esp が指しているアドレスに存在することになります（図 4-1）。

ポイント

pushl 命令ですので、0x00000005 という 4 バイトの値がスタックに積まれます。

12行目　　　decl (%esp)

以前にも説明しましたが、(%esp) は「esp レジスタが指すアドレスの領域」というような意味です。いま esp レジスタはスタックの最後の領域を指していますので、そこにある値が decl 命令によってデクリメントされることになります。

　結局、スタック上の、いま esp レジスタが指す 4 バイトの領域をループカ
ウンタとして使っていることになります。

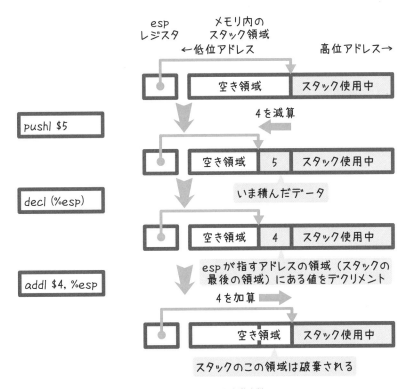

図 4-1　スタックと自動変数

　さて、ループが終わりプログラムが終了する前には、使い終わったループカ
ウンタ用の領域を破棄する必要があります。popl 命令を使ってスタックに積
んでいたデータを取り出すことによって破棄することもできますが、今回は
ループカウンタはもういらないので、取り出す必要もありません。そこで、

14行目	`addl $4, %esp`

のようにして esp レジスタに 4 を加えることによって、単に積んでいたデータ（ループカウンタ用の領域）を破棄することも可能です。

⏻ メモリとアドレス

リスト 4-2 のプログラムをデバッガ gdb 上で実行してみます。デバッガは第 2 章でも使用しましたが、プログラムの実行中に任意の位置で停止させて、そのときのメモリやレジスタの状態を見ることができます。

リスト 4-3 を見てください。実際にデバッガ上で実行してみたときの例です。

リスト 4-3 ：リスト 4-2 をデバッガ上で実行

```
$ gdb hello                          ←①プログラムをデバッガ上で実行
(gdb) b 6                            ←②6行目にブレークポイント設定
Breakpoint 1 at 0x80495c9: file hello.s, line 6.
(gdb) run                            ←③実行開始
Starting program: /home/lepton/prog/4-2/hello

Breakpoint 1, 0x080495c9 in msgend ()
(gdb) p /x &msg                      ←④シンボルmsgのアドレスを表示
$1 = 0x80495bc
(gdb) x/16bx 0x80495bc                ←⑤アドレス0x80495bcからダンプ
0x80495bc   0x68   0x65   0x6c   0x6c   0x6f   0x2c   0x20   0x77
0x80495c4   0x6f   0x72   0x6c   0x64   0x0a   0x6a   0x05   0xb8
(gdb) p /x $esp                      ←⑥レジスタespの内容表示
$2 = 0xbfffe9fc
(gdb) stepi                          ←⑦次の行に進む
0x080495cb in loop1 ()
(gdb) p /x $esp                      ←⑧レジスタespの内容表示
$3 = 0xbfffe9f8
(gdb) x/4bx 0xbfffe9f8                ←⑨アドレス0xbfffe9f8からダンプ
0xbfffe9f8:      0x05    0x00    0x00    0x00
(gdb)
```

②でソースコードの 6 行目にブレークポイントを設定して、③で実行を開始しています。すると、プログラムが 6 行目に到達したとき（6 行目の pushl 命令の直前）に実行を一時停止します。そして④で msg というシンボルの実際のアドレスを表示しています。そのアドレスが 0x080495bc です。

このプログラムを実行させている CPU は IA-32 です。IA-32 は 32 ビット CPU で、アドレスも 32 ビット（4 バイト）です。32 ビットを 16 進法で表記した場合、最大 8 桁必要になります。そこで、32 ビットのアドレスであることを明示するために、0x80495bc ではなく「0x080495bc」のように 8 桁で表記することが一般的です。本書でも、32 ビットアドレス（や 32 ビットデータ）であることを明示したい場合は、このように 8 桁で表記することにします。

⑤ではそのアドレスから 16 バイト分の内容をダンプ（表示）しています。ここには "hello, world¥n" という文字列が格納されています。

0x68 は "h"、0x65 は "e"、0x6c は "l"、……、0x0a は "¥n" の文字コードです。このダンプから、"hello, world¥n" という文字列の各文字が、メモリ上に順番に格納されている様子が読み取れます。

次に⑥ですが、レジスタ esp の内容を表示しています。esp はスタックの最後に積まれたデータの位置（アドレス）を指している、ということはすでに説明しました。ここでプログラムを 1 行進めます（⑦）。このとき実行される命令は

6行目　　　　pushl $5

です。そして、再度 esp の内容を表示してみます（⑧）。すると esp の値が変化していることがわかります。pushl 命令の実行前は、

0xbfffe9fc

だったのが、実行後は、

0xbfffe9f8

になっています。つまり pushl 命令によって、esp の値が 4 だけ減算されたことになります。これは「スタックに 4 バイトのデータが積まれた」とも表現できます。積まれたデータが何であるかは⑨で調べています。pushl 命令実

行直後のスタックの様子を図 4-2 に図示しました。

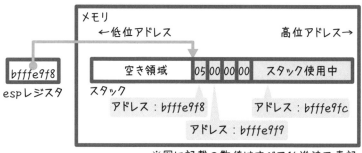

図 4-2　pushl 命令実行直後のスタックの様子

　このようにして、プログラムはアドレスを指定してメモリにアクセス（読み書き）しています。ここではアセンブリ言語の例を取り上げましたが、それはアセンブリ言語はアドレスを直接的に扱うからです。他の高水準言語の場合、C（や C++、Objective-C など C の上位互換性がある言語）を除けば、アドレスは表に出てきません。変数やオブジェクトなどによってメモリとアドレスは背後に隠されています。

　高水準言語でも C の場合は、アドレスを扱う方法があります。それがポインタと呼ばれる仕組みです。

```
int n;
int *p;
```

　ここで、n は int 型の変数です。この変数 n のための領域はメモリ上に確保されます。そして次の行、これは int* 型の変数 p の宣言です。C では * の付いた型をポインタ型と呼び、ポインタ型の変数はアドレスを格納する変数になります。

> **注意**
>
> C の厳密な文法から言えば、ポインタ型は必ずしもアドレスそのものである必要はありません。しかしながら、世のほとんどの実装（コンパイラ）において、ポインタの具体的な値はアドレスになっています。

```
p = &n;
```

この代入により、p には変数 n が確保した領域のアドレスが格納されます。しかし、ここまでならば、他の高水準言語でよく「参照」などと呼ばれる機能とたいへん似ています。しかし C のポインタには、演算ができる、という他の言語にはない大きな特徴があります。ポインタはアドレスという値ですから、加算・減算が可能です。たとえばポインタに加算することにより「メモリ上の次のデータを指す」というようなことができます。アセンブリ言語でよく行われるアドレス演算と同様なことが C でも可能です。このことが、C が他の高水準言語と一線を画している大きな特徴です。

このことが、C は高水準言語でありながら低水準言語（アセンブリ言語）のかわりとしても使える、という話につながってきます。

なお、本書は C の教科書ではありませんので、ポインタの解説はここまでにしておきます。

Column | バイトマシンとワードマシン

ここまで、当たり前のように、メモリに対するアドレスは 1 バイト（8 ビット）ごとに 1 つずつ振られている、として話を進めてきました。たとえば、0xbfffe9f8 というアドレスがあった場合、それに 1 を加えたアドレス 0xbfffe9f9 はメモリ上の次の 1 バイトを、0xbfffe9fa はその次の 1 バイトを指す、という具合です（図 4-2）。

しかし、必ずしも 1 バイト（8 ビット）ごとにアドレスを割り当てなければならないわけではありません。たとえば 32 本のデータバスを持つ CPU ならば、一度に 32 ビット（4 バイト）のデータを読み書きできます。ならば、32 ビット（4 バイト）ごとにアドレスを割り振ってもよさそうにも思えます。実際、そのようなコンピュータも存在しています（いました）。

アドレスの割り当て方の違いで、以下のような用語があります。

● バイトマシン

1 バイト（8 ビット）ごとにアドレスを割り当てたコンピュータ。

● ワードマシン

8 ビット以外、たとえば 16 ビット、18 ビット、32 ビット、36 ビットごとにアドレスを割り当てたコンピュータ。このアドレスが割り当てられる

単位を、そのコンピュータ上で「ワード」と呼ぶ。

　現在、世の中に存在するコンピュータ（CPU）のほぼすべてがバイトマシンです。バイトマシンは IBM のメインフレーム（System/360、1964 年）で採用され、一般に広まりました。インテルの IA-32（に限らず x86・x64 など、PC で使われている CPU）も、もちろんバイトマシンです。

　いっぽう、ワードマシンは現在見かけることはほとんどありません。情報処理技術者試験で出題される CASL というアセンブリ言語と、それが動作する COMET という（仮想的な、現実には存在しない）コンピュータが 1 ワード 16 ビットのワードマシンです。また、現実のコンピュータとして 2000 年代まで残っていたワードマシンとしては、NEC のメインフレームである ACOS-6 シリーズが挙げられます。ACOS-6 は 1 ワード 36 ビットです。

> 私事になりますが、私が大学時代に使っていたのがこの ACOS-6 でした。1 ワード 36 ビット、1 バイト 9 ビットという（当時の IBM 全盛時代には）変則的なコンピュータだったので、たとえば IBM のメインフレームで作成されたデータ（磁気テープでした）を読み込ませると、データが 1 ワードにつき 4 ビットずつずれていき、変換に苦労した記憶があります。

　このように、現在ではバイトマシンが普通であるため、当たり前のように 1 バイトごとにアドレスが割り当てられるものとして、話を進めてきましたが、必ずしもそうではないコンピュータの設計もあり得る、もしくは、過去には存在した、というお話でした。

⏻ バイトオーダ

　図 4-2 を再度見てください。この図では、

```
pushl $5
```

という命令で、5 という数値（16 進法で表記すれば 0x00000005 という 4 バイトのデータ）をスタックに積んだ直後の、スタックの状態を図示しています。メモリ上には、

　アドレス 0xbfffe9f8：0x05
　アドレス 0xbfffe9f9：0x00

アドレス 0xbfffe9fa：0x00

アドレス 0xbfffe9fb：0x00

というふうに「05 00 00 00」の順で入っていることがわかります。これはリスト 4-3 の⑨を見ても、そうなっていることがわかります。我々が素直に考えれば、0x00000005 というデータをメモリに格納した場合、「00 00 00 05」と入りそうに思えますが、実際には順番が逆になっています。これはいったいどういうことなのでしょうか。

第 2 章でも触れましたが、複数バイトのデータをメモリに格納する場合、どのような順番で格納するかをバイトオーダ（もしくはエンディアンネス）と呼び、一般的には、以下の 2 種類があります。

- **リトルエンディアン（little endian）**
  データの下位バイト（下の桁）をメモリの下位アドレス（小さなアドレス）に、上位バイトを上位アドレスに格納する

- **ビッグエンディアン（big endian）**
  データの上位バイト（上の桁）をメモリの下位アドレス（小さなアドレス）に、下位バイトを上位アドレスに格納する

いずれを採用するかは、CPU の設計によります。IA-32（x86 や x64 も）などのインテルの PC 用 CPU はリトルエンディアンを採用しています。ビッグエンディアンを採用している代表例は IBM のメインフレームです。中には、ARM のように、いずれのバイトオーダにするかを切り替えることができる CPU も存在します。

「リトルエンディアンって、データが逆順にメモリに格納されてるよね。なんか、ひねくれた方式に見えるんだけど。」

そうですね。しかし、よく考えてみると理にかなっている点もあります。そもそもメモリ上のデータを、アドレスの小さい順に左から右へ並べて図示しているのは、あくまで便宜上のことにすぎません。メモリというハードウェアの内部には、おそらく右も左もありませんから。

リトルエンディアンでは「下位バイトは下位アドレス」「上位バイトは上位アドレス」と、ある意味一貫性があるとも言えます。

「そう言われてみれば、そんな気もしてきた。でも、それでどんな点が理にかなっている、と言えるの？」

ここで一例を挙げてみます。いまメモリ上に 4 バイトのデータがあったと

します。この4バイトのデータのうち最下位の1バイトだけ取り出したい場合、

リトルエンディアンの場合：そのデータのあるアドレスから1バイトだけ取り出す

ビッグエンディアンの場合：そのデータのあるアドレスに3を足して、足したアドレスから1バイトだけ取り出す

という操作になります。データの最下位バイトを取り出す操作のほうが、それ以外のバイトを取り出す操作よりずっと多いことが一般的です。すると、リトルエンディアンのほうが操作が単純で処理が速くなることが期待できます。

> **注意**
>
> とはいえ、この話は大昔の8ビットCPUのころに成り立った話で、いまどきの32ビット・64ビットCPUなら話は別ですが。インテルがリトルエンディアンを採用したのは、その大昔の話です。

バイトオーダは、メモリ上でのデータの表現だけに限らず、ファイル上のデータや、ネットワークを流れるデータなどにも存在しますので、そういったデータを取り扱う場合にも考慮する必要があります。

4.2 アドレス空間・仮想記憶

⏻ アドレス空間

　ここまで例に挙げてきたアセンブリ言語のプログラムは IA-32 という 32 ビット CPU で動作するものでした。この IA-32 ではアドレスは 32 ビットで表現します。たとえばレジスタ esp はメモリ上にあるスタックの最後に積まれたデータの位置（アドレス）を保持しています。この esp は 32 ビットで、たとえば図 4-2 の状態では 0xbfffe9f8 という値でした。

　32 ビットの場合、アドレスとして 0x00000000 ～ 0xffffffff の間の値を表現することが可能です。IA-32 はバイトマシンでしたから、1 アドレスあたり 1 バイトになりますので、扱うことのできるメモリの最大量は、

　2^{32} バイト = 4GB（ギガバイト）

ということになります。これがプログラムから見えるメモリ全体になり、アドレス空間と呼ばれます。

　では、x64 のような 64 ビット CPU の場合はどうなるでしょうか。この場合、レジスタは 64 ビットに拡張されており、アドレスも 64 ビットで表現することが可能です。ただし、現状の 64 ビット CPU では、表現可能なすべてのアドレスを使用することができないように制限されており、アドレス空間は 2^{64} バイトより小さくなります。

　2^{64} バイト = 16EB（エクサバイト）＝約 1600 万 TB（テラバイト）

です。これだけ広大なアドレス空間をプログラムに与えても、現状では、それに相当するだけの実メモリ（ハードウェア）をコンピュータに搭載することは現実的ではないことが理由です。アドレス空間を制限することにより、CPU の回路設計も複雑にならずに済みます。

8 ビット CPU と 16 ビット CPU の場合

　過去の話にはなりますが、PC 用の CPU が 8 ビットや 16 ビットだったころの、それらの CPU のアドレス空間はどんなものだったのでしょうか。まずインテルの 8 ビット CPU である 8080 について見てみます。

　「8 ビットなんだから、2^8 バイトなのでは？」

　そうですね。普通に考えればそうなりますが、2^8 は計算してみればわかりますが 256 です。1970 年代〜 1980 年代の当時とはいえ、さすが 256 バイトは少なすぎます。答えだけ先に言ってしまうと、

　2^{16} バイト = 64KB（キロバイト）

です。実際 8080 はアドレスバスのピンが 16 本あります。いっぽうレジスタは 8 ビットなのですが、2 個つなげて 16 ビットとしても使えるようになっていました。

　次に 16 ビット CPU の 8086 です。これはちょっとややこしいです。答えは、

　2^{20} バイト = 1MB（メガバイト）

になります。

　「20 ビット？ なんでそんな中途半端なビット数のアドレスなんだろうか？」

　その疑問はもっともです。8086 には 20 ビットのレジスタなどというものは存在していません。図 2-2（P.34）に載せた IA-32 のレジスタのうち、ax、bx などのような 16 ビット部分が 8086 のレジスタです。

　つまり、レジスタは 16 ビットになり、アドレスも 16 ビットで扱うのが 8086 です。

「あれ？ 8086 のアドレスは 16 ビットではなく 20 ビットで表現するのでは？ 4 ビット足りないよ。」

8 ビットの 8080（やその上位互換 CPU）が搭載されたホビー用コンピュータでさえ、すでに 64KB のアドレス空間は狭くて使い勝手が悪くなっていました。そこでメモリを複数用意しておき、切り替えて使う方式（バンク切り替え）などの手法を使ってしのいでいました。

> **ポイント**
>
> たとえば、8KB（キロバイト）のメモリ（バンク）を 100 個用意し、そのうちのいずれかのバンクをアドレス空間の特定の場所から見えるような仕組みを（ハードウェア的に）用意します。プログラムは必要に応じて、見えるバンクを切り替えて使用すれば、「8KB × 100 バンク = 800KB」のメモリを使えるようになります。

バンク切り替えはプログラムが複雑になりますし、切り替えに時間がかかりプログラムの処理速度の面で不利です。抜本的な解決法はアドレス空間の拡大しかありませんでした。

8086 は 16 ビット CPU でレジスタも 16 ビットです。このまま素直に設計すればアドレス空間は 64KB になってしまいますが、でもアドレス空間は拡大したい、そこで編み出された方法がセグメントレジスタを使った方法です。

図 2-2 では省略されていますが、8086（やその後継の x86、IA-32、x64 も）には cs、ds、es、ss という名前の 16 ビットのレジスタもあります。これらはセグメントレジスタと呼ばれてます。アドレスの指定（オフセットと呼ぶ）はあくまで 16 ビットで行うのですが、実際にメモリにアクセスする場合はそれにセグメントレジスタの値を加算して 20 ビットのアドレスを生成しています（図 4-3）。

> **ポイント**
>
> セグメントレジスタは複数あり、どれを使うか明示的に指定することもできますが、プログラムだったら cs、データだったら ds、スタックだったら ss、のように自動的に選ぶことも可能です。

スタックへアクセスする場合のアドレス計算の例

←上位ビット　　　　　　　　　　　　　　下位ビット→

[セグメント]
ss（16ビット）　| 1 | 0 | 1 | 0 | 1 | 0 | 1 | 0 | 1 | 0 | 1 | 0 | 1 | 0 | 1 | 0 |

＋　[オフセット]
SP（16ビット）　| 1 | 1 | 0 | 0 | 1 | 1 | 0 | 0 | 1 | 1 | 0 | 0 | 1 | 1 | 0 | 0 |

アドレス
（20ビット）　| 1 | 0 | 1 | 1 | 0 | 1 | 1 | 1 | 0 | 1 | 1 | 1 | 0 | 1 | 1 | 0 | 1 | 1 | 0 | 0 |

※セグメントレジスタを4ビットずらして（16倍して）オフセットに加算する
⇒結果として20ビットのアドレス値が得られる

図 4-3　8086 におけるセグメントレジスタの使用

　プログラムが一度に参照可能なメモリの領域は 64KB に限られますが、セグメントレジスタの内容を変化させることにより、1MB のアドレス空間全体に対するアクセスが可能になります。

ポイント

> セグメントレジスタを 4 ビットずらして加算することにより 20 ビットのアドレスを生成していますが、もっとずらせばさらに大きなアドレス空間を得ることができそうです。極端な話、16 ビットずらせばアドレス表現が 32 ビットになり、4GB ものアドレス空間を得ることができます。しかし、あまり極端にアドレス空間を拡大すると、アドレスバスの本数も増やす必要がありますし、8086 の設計された 1970 年代には、そこまでの CPU チップの製造が難しかったのでしょう。

　こうやって、8086 はなんとか 1MB のアドレス空間を確保することができました。

　しかし、やはりこれでも足りなくなってしまうのです。さらに広いアドレス空間を求めて 80286（24 ビットアドレス）、80386（IA-32、32 ビットアドレス）、そして x64（48 ビットアドレス）へと進化していくことになります。

　なお、8086 より後の CPU でもセグメントレジスタは残っています。ただ、これらの CPU では図 4-3 のようなアドレス演算を行うためのものではなくなり、セグメントの情報を記録しているセグメントディスクリプタを指し示す値になっています。なお、特に IA-32 以降ではアドレス空間が十分に広いため、セグメントレジスタを使って広いアドレス空間へアクセスすることは減り、あまり使われなくなりました。

セグメントレジスタとその周辺の仕組みはたいへん複雑です。

⓪ 仮想記憶とメモリ保護

アドレス空間は、どの観点から考えるかによって以下の 2 つに分類することができます。

- **論理アドレス空間**

  プログラムから見たアドレス空間。IA-32 ならば、4GB のアドレス空間がプログラムから見える。ここまで見てきた「アドレス空間」はこの論理アドレス空間。

- **物理アドレス空間**

  物理的なハードウェアとしてのメモリ。コンピュータに搭載されているメモリの容量がアドレス空間となる。

この 2 つは別物です。たとえば 2GB のメモリが搭載されている PC があったとします。CPU は IA-32 だとします。このとき、論理アドレス空間と物理アドレス空間は以下のようになります。

(a) 2GB のメモリを搭載している IA-32 の PC の場合

　　論理アドレス空間：4GB

　　物理アドレス空間：2GB

ポイント

ここで「論理アドレス空間：4GB」という意味は、プログラムから見えるアドレス 0x00000000 ～ 0xffffffff の全体、という意味です。この中には OS などが使用していてプログラムが自由に使えない部分も含んでいます。プログラムが自由に使える部分だけをアドレス空間と呼ぶこともありますが、本書では、その意味ではなく、プログラムから見えるアドレスの全体をアドレス空間と呼ぶことにします。

8GB のメモリを搭載している IA-32 の PC の場合ならば、以下のようになります。

(b) 8GB のメモリを搭載している IA-32 の PC の場合

　　論理アドレス空間：4GB

　　物理アドレス空間：8GB

物理アドレス空間は搭載されているメモリの量によって変化しますが、論理アドレス空間は 4GB で固定です（IA-32 の場合）。

さて、（b）のように「論理アドレス空間 ≦ 物理アドレス空間」の場合はいいとして、（a）のように「論理アドレス空間 > 物理アドレス空間」の場合、どんなことが起こるでしょうか。

「プログラムから見える論理アドレス空間が 4GB あっても、実際のメモリは 2GB しかないんだから、使えるのは 2GB まで？」

いまどきの OS、たとえば Windows や Linux などでは、必ずしもそうではありません。仮想記憶という仕組みが OS に備わっているからです。

> **注意**
> 実際には、仮想記憶は OS が単体で実現している仕組みではありません。CPU などのハードウェアの助けも借りています。

仮想記憶は、大きく 2 つの役割を果たしていると考えると理解しやすいと思います。

① 物理アドレス空間以上の論理アドレス空間の実現

物理的なメモリ量以上の論理アドレス空間を実現できる。この機能により、上記（a）のような状況であっても論理アドレス空間 4GB が使用可能となる。

② 論理アドレスと物理アドレスの分離と変換

プログラムから見えるアドレス（論理アドレス）は、ハードウェア上にある物理的なメモリのアドレス（物理アドレス）ではない仮想的なアドレス（仮想アドレス）である。

仮想記憶のこのような役割により、以下のような表現もされています。

論理アドレス空間 ⇒ 仮想アドレス空間
物理アドレス空間 ⇒ 実アドレス空間

どちらの用語もほぼ同じ意味で使われます。本書でも、以後原則として「仮想アドレス空間」「実アドレス空間」と表現します。

さて、「① 物理アドレス空間以上の論理アドレス空間の実現」の機能はどうやって実現しているのでしょうか。物理アドレス空間、つまり実際に搭載され

ているメモリ量より多くの論理アドレス空間を確保するためには、メモリではない別のどこかに場所を見つけないといけません。これはファイルやディスクパーティションの形でハードディスク（SSD 等も含む）に確保されます。

リスト 4-4 を見てください。Windows の場合は、通常 pagefile.sys というシステムファイル（ページファイル）が確保されます。これが、その「別のどこか」の場所になります。

リスト 4-4 ：Windows のページファイル

```
C:¥>dir /a:s c:¥                        ←システムファイルを表示
 ドライブ C のボリューム ラベルは WINDOWS です
 ボリューム シリアル番号は XXXX-XXXX です

 c:¥ のディレクトリ

        ⋮
2019/09/11  22:34       8,589,934,592 pagefile.sys ←ページファイル
        ⋮

               4 個のファイル       14,983,966,721 バイト
               4 個のディレクトリ   74,536,886,272 バイトの空き領域

C:¥>
```

ページファイルは、以下の操作で設定変更することができます（Windows 10 バージョン 1909 の場合の例）。

STEP 1 タスクバーの「ここに入力して検索」に「システムの詳細設定」と入力して Enter キーを押す。

STEP 2 「システムのプロパティ」ダイアログボックスの「詳細設定」タブが開くので、「パフォーマンス」の「設定」ボタンをクリックする。

STEP 3 「パフォーマンスオプション」ダイアログボックスが開くので、「詳細設定」タブで「仮想メモリ」の「変更」ボタンをクリックする。

すると、「仮想メモリ」ダイアログボックスが開きます（図 4-4）。ここで、ページファイルを作成するかどうか、作成先ドライブ、サイズ等をいくつにするか、といったことを設定できます。

図 4-4　ページファイルの設定（Windows 10）

　さて、「①物理アドレス空間以上の論理アドレス空間の実現」の機能を実現する方式にはいくつかありますが、現在主流なのはページング方式です。これは、アドレス空間を固定長の小さな領域に分割して管理するやり方です。この小さな領域のことをページと呼び、そのサイズは Windows の場合なら 4KB です。このページ単位で、必要に応じてディスク（ハードディスクや SSD 等）に書き出したり、読み込んだりします。

　「必要に応じて」とは、あまり使われていないページはディスクに退避し（ページアウト）、そのページに対するアクセスがあったときに実アドレス空間上に戻す（ページイン）を行う、ということです。プログラムがある仮想アドレスに対してアクセスを行った場合、そのアクセス先は実アドレス空間上になければいけません。もしページアウトされていたページ上のアドレスであった場合、アクセスができません。このようなアクセスがあった場合、CPU に対してページフォルトという割り込みが発生し、OS によってページインの処理が実行さ

れます。

　ページフォルトの回数は、たとえば Windows の場合リソースモニターで確認できます。調べ方は以下のとおりです。

> **STEP 1** タスクバーの「ここに入力して検索」に「リソース モニター」と入力して（「リソース」と「モニター」の間に半角スペースを入れる）Enter キーを押す。
>
> **STEP 2** リソースモニターが開くので、「メモリ」タブをクリックする。

　すると、図 4-5 のような表示が出ます。ここで 1 秒間に発生したページフォルトの回数を見ることができます [*2]。

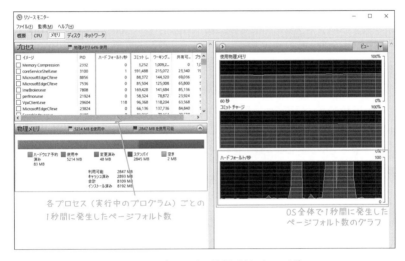

図 4-5　ページフォルトの確認（Windows 10）

　ページフォルトの回数が増えるに従って、プログラムの実行速度が遅くなります。ページフォルトが発生すると、

- 実アドレス空間上に空きがあるか確認する
- 空きがなければ、最も使ってないページをページアウトする
- 必要となったページをページインする

という処理が行われます。ページアウトやページインはディスクへの読み書き

[*2]　図 4-5 では「ハードフォールト」とありますが、これがページフォルトのことです。

が発生しますので、たいへん時間がかかります。条件によっても変わってきますが、物理メモリ上にページが存在している場合と比較して、ページフォルトが発生した場合は数千倍から数万倍の時間がかかるようです。ページフォルトが多発する原因としては、

- 大量のメモリを使用しているプログラムを実行している
- 大量のプログラムを同時に実行している
- そもそも実メモリの量が少ない

などが挙げられます。

　次に「②論理アドレスと物理アドレスの分離と変換」について解説します。これは「①物理アドレス空間以上の論理アドレス空間の実現」とも関連していますが、ページング方式を採用すれば、論理アドレス空間のすべてが物理アドレス空間に存在しているわけではなくなります。あるページがページインされたとき、それは物理メモリの空いている場所に戻されます。その戻された場所のアドレスは、論理アドレスとはおそらく違っているでしょう。プログラムから見える仮想アドレスは、仮想記憶の仕組みにより変換されて実メモリのアドレス（実アドレス）になってメモリにアクセスされます。

　こうやって実アドレス空間は仮想アドレス空間とは分離された別物になります。すると仮想アドレス空間は必ずしも1つである必要はありません。

> **ポイント**
> 実アドレス空間は、メモリという物理的実体がありますから、通常コンピュータに1つです。

　実行中のプログラムのことを、一般にプロセスと呼びますが、いまどきのOSでは、そのプロセスごとに別々の仮想アドレス空間を割り当てています（多重仮想記憶、図4-6）。

　つまり、実行中のプログラム（プロセス）は、同時に動いている他のプログラム（プロセス）とは別に1個の仮想アドレス空間を占有していることになります。よそのプログラムが何をしていようが、自分は自分のアドレス空間を心置きなく使える、といったところでしょうか。

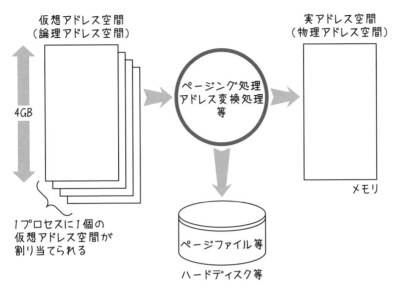

仮想アドレス空間
（論理アドレス空間）

4GB

1プロセスに1個の
仮想アドレス空間が
割り当てられる

ページング処理
アドレス変換処理
等

ページファイル等
ハードディスク等

実アドレス空間
（物理アドレス空間）

メモリ

図 4-6　多重仮想記憶

　古くは、1 つのアドレス空間を複数のプロセスが共有する形の OS もありましたが、現在、一般的な OS ではまずありません。こうやって仮想アドレス空間をプロセスが占有することにより、他のプロセスがもし悪さをしても、自分のプロセスに影響を及ぼす危険性がずっと少なくなりました。これはメモリ保護の一種と言えます。

4.3 主記憶装置の ハードウェア

⏻ メモリチップとメモリモジュール

現在、コンピュータ用のメモリとして普及しているのが DRAM と呼ばれる半導体メモリ（メモリチップ）です。

> **ポイント**
>
> 半導体メモリが一般化する前は、さまざまなメモリが使われていました。コアメモリと呼ばれる、ドーナツ型のフェライトコアに電線を通して、帯磁させて記憶を行う装置がよく使われたそうです。いまでも、特に UNIX では、メモリ全体の内容をダンプしたものを「コアダンプ」と呼びますが、由来はこのコアメモリと言われています。

半導体メモリを大きく分類すると、以下のようになります[3]。

- ROM（Read Only Memory）
- RAM（Random Access Memory）
  - SRAM（Static Random Access Memory）
  - DRAM（Dynamic Random Access Memory）

ROM はあらかじめ書き込んであるデータを読み出すだけのメモリです。当然のことながら、電源を切っても書き込まれている内容は消えません。コンピュータにおいては、アドレス空間の一部のアドレスに ROM が割り当てられていることがあります。たとえば電源投入時、最初に動作するプログラム（PCでは一般に BIOS と呼ばれている）は、電源を切っても消えない ROM にあります。

いっぽう RAM は、何度でも書き換え可能である、電源を切ると書き込んだ内容が消えてしまう、という特徴があります。RAM は、高速で高価な SRAMと、あまり高速ではないが安価な DRAM に分類され、主記憶装置で通常使われているのは DRAM です（第 3 章で説明したように、キャッシュメモリには

---

[3] 上記のほかにもさまざまな種類の半導体メモリが存在します。SD メモリカードなどで使われているフラッシュメモリも半導体メモリの一種です。ここでは、主記憶装置やキャッシュメモリに使われる半導体メモリについて挙げました。

SRAM が使用されています）。

DRAM にはさまざまな規格があり、最新の PC で使用される DRAM は DDR4 SDRAM です。

多くのコンピュータにおいて、主記憶装置の容量は後から増設できるように なっています。たとえば、前述したページフォルトが多発するような場合には、 メモリの増設を検討する必要があるかも知れません。

現在の PC においては、ノート PC の一部などを除いては、メモリはメモリ モジュール（DIMM、Dual Inline Memory Module）の形で後から増設で きるようになっています（図 4-7）。

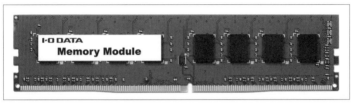

図 4-7　DIMM とマザーボード上のソケット

写真提供　DIMM：株式会社アイ・オー・データ機器　　ソケット：ASUS

⏻ MMU

CPU コアと物理メモリの間にあって、メモリの管理を行う仕組みを MMU （Memory Management Unit）と呼びます。MMU の主な機能としては、

- キャッシュメモリの制御
- 仮想記憶のための仮想アドレスと実アドレスの変換
- メモリ保護

などがあります。

PC で使われている MMU は、以前は CPU チップとは別の IC に存在してい ましたが、高速化等のため現在では CPU チップの内部に取り込まれています。

インターフェースと入出力装置

　本章では、入出力装置について見ていきます。入出力装置はコンピュータの筐体に内蔵されていることもあれば、外部に接続されることもあります。いずれにしても、インターフェースに接続して使用されます。

5.1 PCにおける インターフェース

⏻ あるマザーボードの例

コンピュータにおいて入出力装置は、一般的にはインターフェースコネクタ（ポートとも呼ばれる）に接続して使用されます。なじみ深いものとしては汎用的な USB や、ディスプレイを接続する HDMI、ネットワークに接続する LAN（Ethernet）などがあります。

> **注 意**
> 正確に呼べば、たとえば USB で考えた場合、インターフェース規格が「USB」で、接続する口（コネクタ）は「USB レセプタクル」と呼びます。ただ、現実にはそのコネクタのことをインターフェースと呼んだりします。本書でも、誤解がない場合は、そのように呼ぶこともあります。
> なお、世間で「USB メモリ」を指して「USB」と呼ぶこともあったりするようですが、まあこれは省略しすぎですね。

PC では、CPU やメモリ、その他インターフェース等の回路一式は 1 枚の板（基板）になっていて、一般にマザーボードと呼ばれています。図 5-1 は ASUSTeK Computer Inc. 社の PRIME H370-A というマザーボードの写真です。このマザーボードを例に、どのようなインターフェースがあるか見ていくことにします。

図 5-1　マザーボードの例（ASUS PRIME H370-A）　写真提供：ASUS

表 5-1 〜表 5-3 を見てください。表 5-1 が背面インターフェース、表 5-2 が基板上インターフェースの一覧です。また、コンピュータの機能拡張を行うための拡張ボードを挿す拡張スロット用コネクタの一覧が表 5-3 です。表の先頭にある「1 x」や「2 x」は、そのコネクタが何個あるかを示しています（たとえば「6 x SATA 6Gb/s connector(s)」は「SATA 6Gb/s connector」が 6 個ある、という意味）。

背面インターフェースは、このマザーボードをケースに取り付けたとき、ケースの背面から直接見えるように取り付けられたコネクタを指します。図 5-1 の手前に並んでいるコネクタがそれにあたります。

いっぽう基板上インターフェースは、背面以外の場所にあるコネクタのことを指しています。これらは、ケース内部に搭載するハードディスク等を接続するコネクタだったり、ケース前面パネルのコネクタへの延長ケーブルを接続するためのものだったりします。あるいは、入出力装置とは関係ないコネクタ、たとえば、電源や CPU ファンなどを接続するものも表 5-2 には含まれています。

表 5-1　ASUS PRIME H370-A の背面インターフェース

1 x PS/2 keyboard/mouse combo port(s)	①
1 x DVI-D	
1 x D-Sub	②
1 x HDMI	
1 x LAN (RJ45) port(s)	③
2 x USB 3.1 Gen 2 (teal blue)up to 10Gbps	
2 x USB 3.1 Gen 1 (blue) up to 5Gbps	④
2 x USB 2.0	
3 x Audio jack(s)	⑤

※ https://www.asus.com/jp/Motherboards/PRIME-H370-A/specifications/ より

表 5-2　ASUS PRIME H370-A の基板上インターフェース

2 x USB 3.1 Gen 1(up to 5Gbps) connector(s) support(s) additional 4 USB 3.1 Gen 1 port(s) (19-pin)	⑥
2 x USB 2.0 connector(s) support(s) additional 4 USB 2.0 port(s)	
1 x M.2 Socket 3 with M Key, type 2242/2260/2280 storage devices support (SATA & PCIE 3.0 X2 mode)	⑦
1 x M.2 Socket 3 with M key, type 2242/2260/2280 storage devices support (PCIE 3.0 x 4 mode)	
1 x TPM header	
6 x SATA 6Gb/s connector(s)	⑧
1 x CPU Fan connector(s) (1 x 4 -pin)	
3 x Chassis Fan connector(s) (1 x 4 -pin)	
1 x S/PDIF out header(s)	⑨
1 x 24-pin EATX Power connector(s)	
1 x 8-pin ATX 12V Power connector(s)	
1 x Front panel audio connector(s) (AAFP)	⑩
1 x System panel(s) (Chassis intrusion header is inbuilt)	
1 x Clear CMOS jumper(s)	
1 x COM port header	⑪
1 x Mono Out header	

※ https://www.asus.com/jp/Motherboards/PRIME-H370-A/specifications/ より

表 5-3　ASUS PRIME H370-A の拡張スロット

1 x PCIe 3.0/2.0 x16 (x16 mode)
1 x PCIe 3.0/2.0 x16 (max at x4 mode)
4 x PCIe 3.0/2.0 x1

※ https://www.asus.com/jp/Motherboards/PRIME-H370-A/specifications/ より

　ここで、表 5-1 〜表 5-3 にあるインターフェースについて、ざっと見ていくことにします。

- **表 5-1 ① PS/2 keyboard/mouse combo port(s)**

「PS/2 keyboard/mouse …」とあるように、キーボードやマウスを接続するためのコネクタです。この「PS/2」とはいったい何ものかというと、IBMが過去に発売した PC の製品名です（第 3 章のコラム「『PC』という単語」で出てきました）。このコネクタは PS/2 でキーボードやマウスを接続するためのコネクタとして搭載されました。

いまはキーボード・マウスの接続には、汎用的な USB が使用されることがほとんどですが、PS/2 コネクタという丸型のコネクタもまだ生き残っています。このようなインターフェースを一般にレガシー（遺産）インターフェースと呼びます。

- **表 5-1 ② DVI-D、D-Sub、HDMI**

CPU チップには、GPU という画像処理（画面表示）を行う機能を搭載している製品もあります。その場合、CPU 単体でディスプレイへの表示を行うことができます。このような GPU 搭載 CPU をマザーボードに挿した場合、②のコネクタから画面表示のための信号が出力されます。なぜ 3 種類ものコネクタがあるかというと、それぞれ特徴があるからです。PC にこれらが搭載された時間的順序で言えば D-Sub → DVI-D → HDMI となります。D-Subはアナログ信号で、レガシーインターフェースと言えます。DVI-D はデジタル信号で、もともと PC 向け、同じコネクタでアナログ信号も流せる DVI-Iというものもあります。HDMI はもともとテレビなど AV 機器向けで、画面表示（ビデオ）のみならず、音声（オーディオ）信号も同時に出力できる、という特徴があります。

- **表 5-1 ③ LAN（RJ45）port(s)**

LAN(いわゆる有線 LAN)のハブへ接続するためのコネクタです。LAN やネットワークについては第 6 章で説明します。

- **表 5-1 ④、表 5-2 ⑥ USB3.1、USB2.0**

USB コネクタ（レセプタクル）です。例の細長い長方形のコネクタですね。USB 2.0 とか USB 3.1 とか数値が書いてあるのは、USB のバージョンで、基本的には数字が大きいほうが転送速度が高くなります。USB については、この後で解説します。

- **表 5-1 ⑤、表 5-2 ⑨⑩ Audio jack(s) 等**

オーディオ関係のコネクタです。スピーカやマイクなどを接続します。

- **表 5-2 ⑦⑧ SATA、M.2**

ハードディスクドライブ・SSD（ストレージと呼ぶ）や、DVD・ブルーレイ

ディスク（光ディスクと呼ぶ）ドライブなどを接続するためのコネクタです。なお、⑦は SSD に特化したコネクタになります。

- **表 5-2 ⑪ COM port header**

  一般にシリアルポートとも呼ばれるレガシーインターフェースの一種です。正確な表現ではありませんが、過去の規格名称から「RS-232C」と呼ばれることもあります。以前は外部との通信のため、モデムを接続するためによく使われました。そのため、古いマザーボードでは背面にコネクタがありましたが、いまではあまり使われなくなり、基板上に残っているだけになりました。必要な人はここから延長ケーブルでケースまで引き出して使ってください、ということです。

- **表 5-3 拡張スロット**

  拡張スロットには、機能拡張するため拡張ボードを挿すことができます。最もよく使われる用途としては、GPU を搭載していない CPU の場合（や、CPU 搭載の GPU の性能では飽き足らない場合）に、この拡張スロットに GPU を搭載した拡張ボード（ビデオカードなどと呼ばれる）を挿す場合です。それ以外には、たとえば TV チューナボードを使ってテレビ視聴・録画を行ったり、マザーボードにないインターフェースや数が足りないインターフェースのコネクタを増設したりできます。

このように、多くのインターフェースコネクタがマザーボードには搭載されており、また不足の場合は拡張スロットに増設します。

⏻ レガシーインターフェース

いま見てきた PRIME H370-A というマザーボードにはレガシーインターフェースとして、

- PS/2 キーボード・マウスコネクタ
- ディスプレイ用 D-Sub コネクタ
- COM port（シリアルポート、RS-232C）

がありました。過去の PC にはより多くのレガシーインターフェースが存在していましたが、徐々に使われなくなってきており減少傾向にあります。表 5-4 に代表的なレガシーインターフェースを挙げます。

表 5-4　PC で使用された主なレガシーインターフェース

インターフェース	用途
PS/2 キーボード・マウスコネクタ	キーボード・マウス
D-Sub	ディスプレイ
シリアルポート（RS-232C）	主にモデム
IEEE 1284 パラレルポート	主にプリンタ
FDD ポート	フロッピーディスクドライブ
IDE、（パラレル）ATA	主にハードディスクドライブ
ISA、AGP、PCI	拡張スロット

　レガシーインターフェースがレガシー（遺産）である理由は、以下のように
まとめることができます。

(a) 特定の入出力装置専用で汎用的ではない

専用のインターフェースは、他の装置を接続できないため汎用性がない。
そのため汎用的なインターフェース（USB など）に取って代わられた。
PS/2 キーボード・マウスコネクタなど。

(b) 接続する入出力装置が廃れた

(a) に関連して、接続先の機器が使用されなくなった。FDD（フロッピー
ディスクドライブ）ポートなど。

(c) アナログ伝送である

過去には、装置によっては、デジタルよりアナログ信号を受け取ったほう
が回路が単純になり好都合だった場合があった。たとえば CRT（ブラウン
管）時代のディスプレイ装置が挙げられる。D-Sub ディスプレイインター
フェースなど。

(d) データ転送速度が遅い

より高速な規格のインターフェースに取って代わられた。シリアルポート
(RS-232C)、IDE、（パラレル）ATA、ISA、AGP、PCI など。

(e) PnP（Plug and Play、プラグアンドプレイ）に対応していない

PnP は、コンピュータにデバイス（入出力装置等）を接続したときに、自
動的に OS 側の設定、デバイスドライバのインストールなどが行われ、そ
のデバイスが使えるようになる機能のこと。レガシーデバイスは、一般的
に PnP には対応していない。

(f) パラレルインターフェースである

デジタルデータ伝送には、伝送路が1本のシリアル伝送と、複数本（8本とか16本とか）のパラレル伝送がある。パラレル伝送は、一度に複数のビット（8本なら8ビット＝1バイト）を送れるので効率がよさそうに思える。しかし、伝送を高速化しようとしたとき複数の伝送路があると、その間のタイミングを取るのが難しくなること、伝送路間の信号の干渉を避けることも難しくなること、物理的なケーブルが太くなり取り回しが厄介になること、などの問題が発生する。このため、いまはシリアル伝送が主流になっている。パラレル伝送を行っているパラレルインターフェースには、IEEE 1284 パラレルポート、IDE、（パラレル）ATA、ISA、AGP、PCI などがある。

無線によるインターフェース

ここで例に挙げている PRIME H370-A というマザーボードには、いま PC で一般的に使われている（有線の）インターフェースはおおよそ網羅されています。しかし、インターフェースは有線による接続、つまりコネクタにケーブルを挿して使うものだけではなく、物理的なケーブルを使わない無線によるインターフェースもあります。主なものを挙げると、以下の2つです[*1]。

- 無線 LAN（Wi-Fi）
- Bluetooth

無線 LAN は Wi-Fi（ワイファイ）とも呼ばれ、ケーブルの不要な LAN として、最近ではたいへんよく使われています。ご承知のとおり、ノート PC やスマートフォン・タブレットではインターネット接続用として当たり前に使用されています[*2]。無線 LAN については、第6章でさらに解説します。

いっぽう Bluetooth は、LAN 以外の一般の入出力装置との接続を無線化するのに使われます。マウス、キーボード、プリンタ、スキャナ、イヤホン、などなど。Bluetooth については、この後でさらに見ていくことにします。

[*1] PRIME H370-A にはいずれの無線インターフェースも備わっていません。もし、これらが必要な場合はこれらのインターフェースの機能を持つ機器を USB に接続するか、拡張スロットに挿す必要があります。
たまたま PRIME H370-A には備わっていないだけで、これらの無線インターフェースを備えているマザーボード製品も存在します。ただ、ノート PC のように持ち歩く需要の高い PC と違い、こういったマザーボードを使用する据え置き型 PC では、無線インターフェースの必要性があまり高くありませんので、付いていないことも少なくありません。

[*2] そういえば、ホテルでは、少し前まではインターネット接続用として、有線 LAN のコネクタ（RJ45 と呼ばれる）が各部屋にありましたが（ビジネスホテルではいまもよく見かける）、いまでは Wi-Fi が当たり前になっていますね。

5.2 入出力装置とプログラム

⏻ プログラムから見た入出力装置

　ここでは、プログラムから入出力装置がどのように見えるのか、レガシーインターフェースではありますが、シリアルポートにモデムをつないだ例について見ていくことにします。OS は Windows 10 とします。

　Windows では、インターフェースや、その先に接続される入出力装置などを「デバイス」と呼んでいます。デバイスの一覧はデバイスマネージャーで見ることができます。デバイスマネージャーを起動するには、Windows 10 の場合、以下のように操作します。

STEP 1　スタートメニューを右クリックする。
STEP 2　表示されたメニューから「デバイス マネージャー」を選択する。

　すると、デバイスマネージャーが起動します（図 5-2）。ここで「ポート」の下にある「通信ポート（COM1）」が、マザーボードに搭載されているシリアルインターフェースを意味するデバイスです。このデバイスは OS からは「COM1」という名前（ファイル名）で、ファイルに読み書きするようにアクセスすることができます[3]。

---

[3]　Windows では COM1（複数あれば COM2、COM3、…）という名前ですが、Linux では /dev/ttyS0（複数あれば /dev/ttyS1、/dev/ttyS2、…）というファイル名を使います。

図 5-2　デバイスマネージャー

　いま、この COM1 というインターフェースの先にはモデムを接続している
とします。プログラムがこのモデムとのやり取りをするためには、COM1 に
対して読み書きします。

　ここで、COM1 に対して読み書きするプログラムを書いてもいいのですが、
今回は出来合いのプログラムとして、Tera Term というフリーソフトを使用
することにします [*4]。

　Tera Term を起動すると、接続先を指定する図 5-3 のような表示が出ます。
ここで「シリアル」「COM1: 通信ポート（COM1）」を選択することにより、
COM1 というシリアルインターフェース、そしてその先に接続されている装
置……ここではモデムとの通信が可能になります。

[*4]　Tera Term のように、通信ポートに対して読み書きするようなソフトを「ターミナルソフト」と呼
　　びます。その昔、パソコン通信全盛期には、モデムとターミナルソフトを使って通信を行っていま
　　した。
　　なお、Tera Term は、telnet や ssh という TCP/IP・インターネット上で使われる通信でも利用可
　　能……というか、いまでは主にこちらを使うために利用されます。

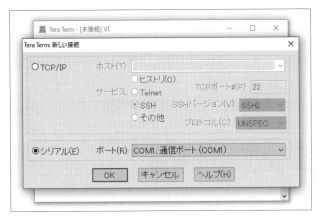

図 5-3 Tera Term で COM1 へ接続

モデムに対していくつかのコマンドを打ってみた例が図 5-4 です。

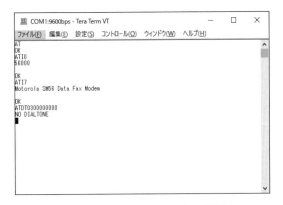

図 5-4 AT コマンドによるモデムの制御例

　モデムに対する指示は、一般に「ヘイズ AT コマンド」と呼ばれる「AT ～」で始まるコマンドで行います。たとえば「ATDT0300000000」というコマンドは、モデムの先に接続されている電話回線（トーン回線）に対して「03-0000-0000」という番号にダイヤルしなさい、という命令です。

　シリアルポートは、単純にデータの読み書きをするだけなので、プログラムからはファイルに対する読み書きとほぼ同じような形でアクセスすることができます。デバイスによっては、より複雑な制御が必要になります。

⏻ CPU から見た入出力装置

OS 上で動作するプログラムからは、シリアルポートは COM1 などの名前で参照できました。これは OS が、COM1 という名前とシリアルポートの間を取り持っているから可能になっています。では、ずっと低水準である CPU からは、入出力装置はどのように見えているのでしょうか。

デバイスマネージャー（図 5-2）で「通信ポート（COM1）」をダブルクリックし、表示された「通信ポート（COM1）のプロパティ」ダイアログボックスで「リソース」タブを選択します。すると、図 5-5 のような表示が現れます。

図 5-5 「通信ポート（COM1）のプロパティ」の「リソース」タブ

ここで「リソースの設定」の部分に注目してください。

① I/O の範囲　　　　03F8-03FF
② IRQ　　　　　　　0x00000004(04)

CPU はこの①②を使ってシリアルポートへのアクセスを行っています。このうち②の IRQ とは、第 3 章で説明した「割り込み」のことです。シリアルポートが割り込み番号 0x04 の割り込みを使用していることを表しています。たとえば、シリアルポートからデータが入力された場合に、この割り込みが発生し、

コンピュータはそのことを知ることができる、という仕組みです。

では、実際に入出力されるデータは、どこから読んだり、どこへ書き込んだりすればいいのでしょうか。それが①で表されています。IA-32 や x86 をはじめとするインテルの CPU は I/O ポートと呼ばれる、入出力専用のアドレス空間（I/O アドレス空間）を持っています。なお、「I/O」とは「Input/Output」つまり「入出力」のことです。

I/O ポートのアドレスは 16 ビット（アドレスは 0x0000 ～ 0xffff）で、ポート番号とも呼ばれます。シリアルポート COM1 には、0x03f8 ～ 0x03ff のアドレスを持つ I/O ポートが割り当てられており、CPU はデータをそこへ読み書きすることにより、データの入出力ができます[*5]。

シリアルポートに対する読み書きは、I/O ポートという入出力専用のアドレス空間（のある特定の領域、ここでは 0x03f8 ～ 0x03ff）を用いて行います。これをポートマップド I/O と呼びます。「マップド」は「mapped」で、「割り当てられた」「対応付けられた」といった意味です[*6]。つまり「ポートマップド I/O」とは「ポート（I/O ポートのこと）に割り当てられた入出力」といった意味です。

「I/O ポートは入出力のためにあるんだから、それを使うのは当たり前では？どうしてわざわざ『ポートマップド I/O』などと呼ぶの？」

それは別の入出力の方法もあるからです。これはメモリマップド I/O と呼ばれています。メモリマップド I/O では、メモリ（メインメモリ、主記憶装置のこと）の実アドレス空間（物理アドレス空間）の特定の領域にインターフェース・入出力装置が割り当てられていて、メモリに対する読み書きにより入出力を実現します。特定のアドレスに対して mov 命令などで読み書きを行うと、それが実際にはメモリではなく入出力装置に対する読み書きになるという仕組みです（図 5-6）。メモリマップド I/O を行っているデバイスでは、デバイスマネージャーから、（実アドレス空間の）どの範囲のアドレスを使っているかを知ることができます（図 5-7 の「メモリの範囲」の部分）。

[*5] メモリへの読み書きには mov 命令（4 バイトの読み書きなら movl 命令）を使用しましたが、I/O ポートの読み書きには、in/out という専用の命令が用意されています。

[*6] 「マップト」と発音すべきなのでしょうが、日本では「マップド」と表現することが多いので、ここでもそれにならいます。

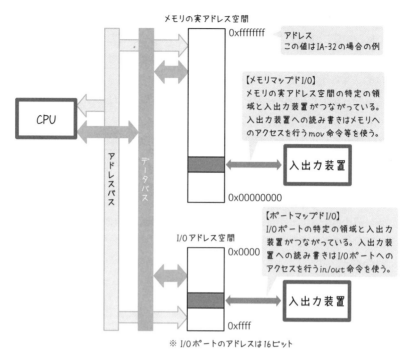

図 5-6　ポートマップド I/O とメモリマップド I/O

図 5-7　メモリマップド I/O を使用しているデバイスの例

ポートマップド I/O は、PC で使われているインテルの CPU（IA32 や x64 等）では一般的ですが、それ以外の RISC 等の CPU ではあまり使われていません。昔はメモリのアドレス空間が狭かったため、入出力用に別のアドレス空間を設けたという面もあり、アドレス空間の広い最近の CPU では I/O アドレス空間を別に設ける必要性が低くなっています。

⏻ デバイスドライバ

　前項で、メモリマップド I/O では「メモリの実アドレス空間の特定の領域にインターフェース・入出力装置が割り当てられ」ている、と説明しました。ここで「実アドレス空間」に注目してください。実アドレス空間とは仮想アドレス空間と対比でき、第 4 章で説明したとおり、通常、プログラムからは実アドレス空間を見ることはできません。プログラムから見えるのは仮想アドレス空間です。

　すると、「〇〇というデバイス（入出力装置）は、実アドレス△△に割り当てられているから、そのデバイスとデータをやり取りするには△△というアドレスに対して読み書きすればいいんだな」と思っても、プログラムは、その△△というアドレス（実アドレス）にアクセスする術がないことになります。

　OS 上で動作する一般的なプログラムからは、実アドレス空間は隠蔽されており、直接触ることができないような仕組みになっています。これは第 4 章の多重仮想記憶のところでも説明したように、動作中のプログラム（プロセス）は、他のプロセスに対して、さらに言えば OS に対しても悪さできないように保護されている、とも言うことができます。

　結局、メモリマップド I/O の仕組みを（OS 上で動作する一般的な）プログラムからは直接利用できないことになります[7]。

　このような保護は、OS が CPU に備わっている保護機能を利用して、OS と CPU が協調することで実現しています。そのため、ポートマップド I/O もメモリマップド I/O も OS の内部でならば利用可能です。先ほどから「OS 上で動作する一般的な」プログラムといちいち断っていたのは「OS の内部で、OS と一体化して動作するようなプログラムは除く」ということを表現したかったからです。

　各デバイスには、そのデバイス特有の処理が必要になります。その処理に

---

[7]　さらに言えば、I/O ポートも直接見えないようになっています。したがって、ポートマップド I/O の仕組みもプログラムから直接使うことはできません。

は、割り込みを受け付けたり、ポートマップド I/O・メモリマップド I/O の機能を利用したりする必要があるかも知れません。これらの処理は「OS 上で動作する一般的な」プログラムではできませんでした。そこで「OS の内部で、OS と一体化して動作するようなプログラム」が必要となります。これをデバイスドライバと呼びます。

　ここではシリアルポートのデバイスドライバについて見てみます。デバイスマネージャーから「通信ポート（COM1）」のプロパティを開き「ドライバー」タブを選択します（図 5-8）。ここに、シリアルポートのデバイスドライバの情報が表示されています[*8]。

　ここで「ドライバーの詳細」ボタンを押すと図 5-9 のような表示が出ます。「ドライバーファイル」に表示されているファイル名がデバイスドライバのプログラム本体になります。

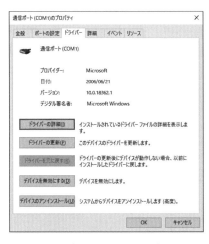

図 5-8　通信ポート（COM1）のプロパティ、　　図 5-9　ドライバーファイルの詳細
　　　　「ドライバー」タブ

　このデバイスドライバのおかげで、「OS 上で動作する一般的な」プログラム、つまりポートマップド I/O を使うことのできないプログラムであっても、シリアルポートとその先に接続されている入出力装置に対して読み書きができるのです。

[*8]　このデバイスドライバはマイクロソフト製で 2006/06/21 の日付があります。かなり古いプログラムですね。シリアルポートはレガシーインターフェースですから、プログラムもレガシー（遺産）なのでしょう。

なお、デバイスドライバは割り込みを受け付けたり、ポートマップド I/O・メモリマップド I/O の機能を利用することだけが役目ではありません。シリアルポートを、あたかも「COM1」という名前のファイルであるかのように見せかけて入出力できるようにおぜん立てしてあげているのもデバイスドライバです。

　ほかの例としては、たとえばプリンタには多くのメーカーと多くの製品があり、印刷するために発行すべきコマンドやデータの形式は製品ごとに異なっています。ワープロソフトでプリンタに印刷する場合、利用者は印刷先のプリンタを選択するだけで、そのプリンタに出力されます。ワープロソフトは標準的な方法で印刷指示を OS に出すだけで、印刷先のプリンタに合うように変換してうまく印刷できるようにしているのも、OS に組み込まれたデバイスドライバの役割です [*9]。

Column | **CPU の特権レベル**

　本文の説明からもわかるように、OS 上で動作するプログラムは、実アドレス空間や I/O ポートにアクセスできない状態で動作しています。それに対して OS 自体はそのような制限のない状態で動作する必要があります。

　このような制限は CPU の機能により実現しています。どの程度、どんな制限をかけるのかを、一般に特権レベルと呼んでいます。通常のプログラムは何らかの制限のもとに動作する「ユーザモード」、OS は無制限の「特権モード」「スーパーバイザモード」で動作します。

　なお、ユーザモードから特権モードへの移行は簡単にはできないようになっています。簡単にできてしまうと、結局のところ制限が無意味になってしまうからです。この移行は、OS に対するシステムコールによって行うのが一般的です。

　インテルの IA-32 や x64 の場合、特権レベルは 4 段階あり、「リング 0」〜「リング 3」と呼ばれています。数字が大きくなるにつれ制限が厳しくなりますが、Windows や Linux では、OS は特権モードであるリング 0、通常のプログラムはユーザモードのリング 3 で動作し、リング 1 とリング 2 は使用していません。

[*9]　むかしむかし、MS-DOS という（いまから見たら低機能な）OS の時代には、OS にこのようなデバイスドライバを組み込む仕組みがありませんでした。その時代のワープロソフトは、それぞれ自分自身の中にさまざまなプリンタを制御するための情報を持っていて、それを利用して印刷していました。

5.3　USB と Bluetooth

⏻ USB が生まれた背景

　USB（ユニバーサルシリアルバス、Universal Serial Bus）は、いま PC で最も一般的なインターフェースと言えます。PC に限らず、スマホ・タブレットやその他の情報機器、ゲーム機から家電製品まで、広く普及しているのはご承知のとおりです。

　USB は本来データ通信のためのインターフェースなのですが、電力を供給する機能も併せ持っているため、この機能のみを利用して電源として使ったり、充電を行ったりすることも非常に多く見受けられます。

　USB は、さまざまなレガシーインターフェースを置き換える汎用のインターフェースとして、最初の規格は 1996 年に制定されました。レガシーインターフェースと比較した USB の主な特徴を挙げます。

- **汎用のインターフェースである**
  レガシーインターフェースが、接続する機器の種類ごとに専用のインターフェース規格とコネクタを持っていたのに対して、USB は、1 個のコネクタでさまざまな機器と接続可能。

- **1 個のコネクタの先に複数の機器を接続可能である**
  レガシーインターフェースの多くは、コネクタと機器は 1 対 1 接続である（中には、1 対 2、1 対多接続可能なものもある）。USB は、1 インターフェースあたり最大で 127 台の機器を接続可能である。

- **PnP、ホットプラグに対応している**
  USB に機器を接続した場合、PnP（プラグアンドプレイ）機能により設定やデバイスドライバのインストール等を行い、自動的に使える状態にすることが可能。また、ホットプラグ機能により、コンピュータの電源を切ったり OS をシャットダウンしたりせずに機器を接続し使うこともできる。

- **電力供給ができる**
  接続した機器に対して電力を供給することができるため、その機器は USB ケーブルの接続のみで（別途電源ケーブルを接続することなしに）稼働可能である。ただし、供給できる電力には限りがあるため、消費電力の大きな機器は別途電源が必要。

- **シリアル伝送である**

　シリアル伝送であるため、パラレル伝送のインターフェースと比較するとケーブルが細く、また高速伝送がやりやすい。

　初期の USB は、比較的低速なデータ伝送でも問題のない、キーボード・マウスや、シリアルポート（RS-232C）、プリンタ接続用のパラレルポート（IEEE 1284）などの置き換えを見据えたものでした。その後、徐々に高速化を図りつつ、電力供給能力やその他の機能も更新された規格が制定されています。

⏻ USB の接続形態とプログラム

　普通の PC では、USB のコネクタ（レセプタクル）が 1 個から 10 個程度付いています。ここに機器を接続することになるわけですが、コネクタの数が足りない場合は、USB ハブという機器を接続して増やすことができます[*10]。要するにタコ足配線です。そうやって接続したときの例を図 5-10 に示します。

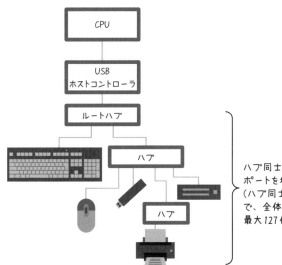

図 5-10　USB の接続形態（タコ足配線）

[*10] アップルが MacBook というコンピュータで、USB コネクタを 1 個しか搭載せず話題になったことがありました。しかも MacBook はその USB コネクタが電源コネクタも兼ねていたため、電源に接続して使用する場合、そのままではほかに何も接続できないことになってしまいました。アップルの考え方では「ほかに接続したいなら無線を使えばいいじゃん」ということのようでした。もちろん、1 個しかない USB コネクタにハブを接続すれば、電源に接続しつつ、別の機器を接続することも可能ではありました。

実際のコンピュータにおいて、USB にどのような機器がどのような形で接続されているかを OS 上から見るには、いままでにも何度か出てきたデバイスマネージャーを使用します。まずデバイスマネージャーを起動し、「表示」メニューから「デバイス（接続別）」を選択し、図 5-11 のように順番に開いていきます（なお、コンピュータのハードウェア構成によって、開く場所は変わってきます。これはかなり古めの PC での例です）。

　この図 5-11 の例では、じつはホストコントローラは 1 個ではなく 4 個もあります。1 個目と 2 個目の小ストコントローラは USB 3.0 というバージョン

図 5-11　USB の接続状態

のもの、3個目と4個目は（特にそうは書いていませんが）USB 2.0というバージョンのものです[*11]。

それぞれのホストコントローラを開くと、その直下にルートハブが存在していることがわかると思います。その下を開いていくと、ハブが接続されていたり、それ以外の機器が接続されていたりする状態を見ることができます。たとえば2個目のルートハブの下を追っていくと「USB大容量記憶装置」というのが見えます。ここにはハードディスクが実際に接続されています。

さて、図5-10のような接続を行うとき、ハブやその他の機器同士はケーブルによって接続します。このとき接続するコネクタの形状にはいくつかの種類があります。いま一般によく見ることができる形状は以下のものです。

- Standard-A
  細長の長方形の、例のよく見るやつで、ホストコントローラに近い側（PCなど）にはこれを使う。コネクタをよく見ると、中に樹脂製の板が入っていて、これが青色だったらUSB 3.0、それ以外（黒とか白とか）ならUSB 2.0以下の規格に対応している。

- Standard-B
  正方形に近い形のコネクタ。ホストコントローラの反対側（接続する機器側）に使用する。プリンタや（比較的大きめの筐体の）ハードディスクなどで使われている。

- Micro-B
  スマホをはじめ、多くの機器で使われているため、いま現在ではStandard-Aと同様、なじみ深いコネクタ。小さいのが取柄と言える。ただし、USB 3.0のMicro-Bはかなり横長の、あまり小さいとは言えないコネクタになってしまっていて、USB 3.0で小型のコネクタを使いたい場合は、次のType-Cを使うことが一般的。

- Type-C
  新しい規格のコネクタ。USB 3.1以降ではこのコネクタ（とケーブル）を使用することにより高速通信が可能となる。Type-Cではホストコントローラに近い側にも遠い側にも同じコネクタを使用できる。

[*11] USBの規格は何度か改定されていて、バージョン番号で呼ばれています。いま現在よく見られるバージョンには2.0、3.0、3.1があり、番号が大きくなるほどデータの転送速度が速くなり、供給できる電力も増えています。バージョンの違う同士の接続も可能で、その場合は低いバージョンの規格で通信が行われます。

本章の始めのほうで、シリアルポートがプログラムや CPU からどう見えるかについて説明しました。では USB の場合はどういうふうに見えるのでしょうか。USB の場合も割り込みやメモリマップド I/O を使ってやり取りするところは、レガシーインターフェースと同様なのですが、USB の場合 1 つのホストコントローラの下に複数の機器がぶら下がる形態になります（図 5-10）。これらをうまく制御できなければいけません。さらに PnP やホットプラグの機能は OS が担っています。このあたりの制御はかなり複雑です。

　そのため、USB をプログラムから利用する場合は、下で何をやっているかは置いておいて、OS が提供している機能（システムコール）をありがたく使わせていただく方向になります。

⏻ USB と無線化

　USB にはケーブルを無線化した Wireless USB という規格があり、ケーブルなしで USB を使用することが可能です。しかし、この規格は現在のところまったく普及していません。

　かわりに、現在よく使われているのが Bluetooth です。データ転送速度が USB には及ばないため、高速通信が必要なハードディスクとの接続用途などでは使われませんが、キーボード・マウス・プリンタといったあまり高速な通信が必要ない分野では、よく使われています。PC ではありませんが、スマホやタブレットのように、できれば有線接続を避けたい機器では、ヘッドフォンやスピーカなどの接続にもよく使われています。

　USB と比較したときの Bluetooth の欠点としては、

- ケーブルを挿せば使える USB と違い、初回接続時にはペアリングという操作が必要になる。
- 電力の供給ができない。このため接続する機器は自前で電源（たいていの場合、乾電池や充電池）を用意する必要がある。
- 電波を使用するため、通信が不安定になる場合がある。

などが挙げられます。

コンピュータネットワーク

　本章では、現在のコンピュータにおいて、非常に重要な役割を果たしている
コンピュータネットワークについて見ていきます。これを利用することにより、
コンピュータ同士を接続したり、プリンタやハードディスクなどの入出力装置
のインターフェースとして使用することが可能です。

6.1 コンピュータ
ネットワークの概略

⏻ ネットワークトポロジー

コンピュータネットワークでは、コンピュータ同士や入出力装置を相互に接続して、通信を行っています。いまどきのネットワークの例を図 6-1 に示します。

図 6-1 に出てくるハブ・ルータ・Wi-Fi アクセスポイントはネットワーク上の中継装置です。それぞれどのようなものであるかは本章で後述します。また NAS という装置が出てきています。これは、Network Attached Storage と呼ばれる、ネットワークに直接接続できるハードディスク（や SSD）のことです。これについては第 8 章と第 11 章で解説します。

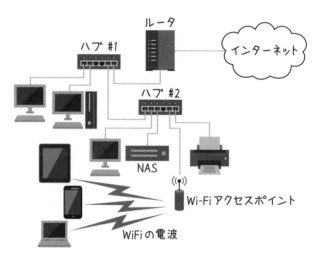

図 6-1　コンピュータネットワークの例

ネットワークに機器がどのように接続されているかをネットワークトポロジー（単に「トポロジー」とも）と呼びます（図 6-2）。図 6-1 はスター型が複数接続されている形態で、ツリー型とも表現されます。企業内や家庭内のネットワークではこの形態がよく使われています。

なお、いまどきのコンピュータネットワークは、企業内や家庭内で閉じてい

るわけではなく、たいていの場合それらはインターネットという世界規模の巨大なネットワークに接続されています。図 6-1 の雲の形で描かれているインターネットの内部は、おおよそメッシュ型のトポロジーになっていると考えていいでしょう。

　スター型と比較したときのメッシュ型の利点は、通信の経路を複数持つことができ、ある経路が障害で通信できなくなっても、別の経路を使って通信を継続できるところにあります。ただし、このように複数の経路がある場合、どの経路を通常使って、障害があったらどの経路に切り替えるのか、といった経路制御を行う必要があり、それなりの機器が必要となるため、末端のネットワークではあまり使われません。

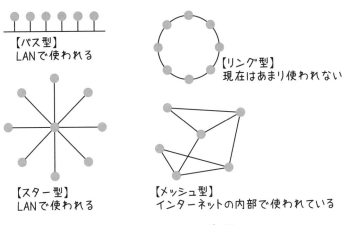

図 6-2　ネットワークトポロジー

⏻ ノードとリンク

　最も単純なコンピュータネットワークは、コンピュータ 2 台を直接接続した形態です。ただし、ネットワーク（network）の「net」とは「網」という意味ですから、2 台のコンピュータを接続しただけで、それを「ネットワーク」と呼べるのかどうかは微妙なところです。

　いま、コンピュータ（や入出力装置など）が 3 台以上登場したとすると、それらをどのように接続するのか考えないといけません。この接続形態が、前述したネットワークトポロジーです。ここで、図 6-2 を再度見てください。いずれのトポロジーも、丸と線から構成されています。ここで丸のことをノー

ド[*1] と呼び、線をリンクと呼びます。

> ノード ：コンピュータや入出力装置、中継装置など。
> リンク ：ノード同士を接続するケーブル。無線のこともある。

ノードは、その機能により 2 種類に分類されます。

> エンドノード ：コンピュータなど、ネットワークの末端に位置するノードのこと。ネットワーク上でのデータの始点・終点になる。
> 中継ノード ：ハブ・ルータ・Wi-Fi アクセスポイントなどのように、ネットワークの末端には位置せず、中継を行う役割を持ったノードのこと。

ネットワーク上でやり取りされるデータはエンドノードで発生し（データの始点）、いくつかの中継ノードを経由して、別のエンドノードに到達します（データの終点）。

⏻ 階層モデルとプロトコル

ノードはデータを送ったり受けたり転送したりする機能を持っていますが、その機能を 7 つに分割する考え方があり、OSI 参照モデルと呼びます。図 6-3 を見てください。ここでは 2 個のエンドノードがリンクによって接続されています。それぞれのノードは 7 個の「積み木」を積み上げた形で表されています。それぞれの「積み木」には下から「物理層（第 1 層）」〜「アプリケーション層（第 7 層）」という名前が付いています。

本書では、各層の機能の詳細については説明しません。ただ、このような層構造になっている、ということだけは覚えておいてください。

[*1] 「ノード（node）」は「節」「結び目」といった意味です。

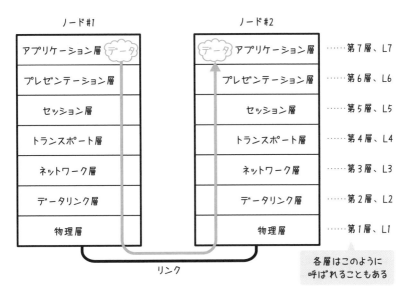

図 6-3　OSI 参照モデル

　いま、図のノード #1 側で、ノード #2 に対して送りたいデータがあったと
します。このデータはノード #1 のアプリケーション層で発生し、各層を通る
際に、その層が持っている機能によってさまざまな処理を行いながら、最終的
には物理層からリンクに流されます。

　ノード #2 側では、リンクに流れてきたデータは物理層が受け取り、各層で
ノード #1 とは逆の処理を行いながら、アプリケーション層に到達します。こ
のような流れでノード #1 にあったデータは最終的にノード #2 に到達するこ
とになります。

　この通信が正しく行われるためには、通信を行うノード間でどのような通信
方法を使用するかをあらかじめ決めておく必要があります。この通信方法を取
り決めたものをプロトコルと呼んでいます。図 6-4 にあるように、プロトコ
ルは各層ごとに必要で、7 つのプロトコルが通信を行うノード間で一致してい
ないと、通信はできないことになります[*2]。

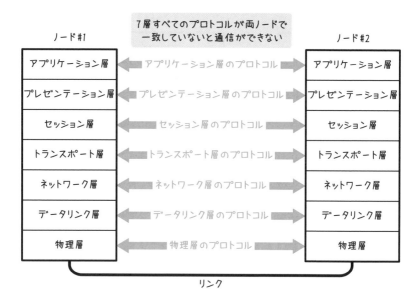

図6-4　プロトコル

　さて、図6-3や図6-4は、2つのエンドノードが直接接続されている最も単純な場合の例でした。現実にはエンドノード間の通信には、途中に中継ノードがはさまるケースが多いものです。図6-5を見てください。これは、途中に中継ノードが1個ある場合の例です。

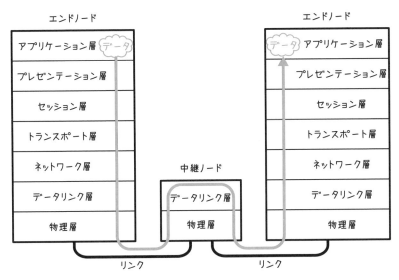

図 6-5　中継ノードがある場合

　エンドノードは 7 層すべてあるのに対して、中継ノードは必ずしも 7 層あ
りません。中継ノードが持つ層の数により、その中継ノードのことを以下のよ
うに呼びます。

　1 層のみ：リピータ
　2 層まで：ブリッジ
　3 層まで：ルータ
　4 層以上：ゲートウェイ

　図 6-5 の中継ノードは 2 層までしかありませんので、これはブリッジとい
うことになります。それぞれの中継ノードについては、この後で解説します。

6.2 Ethernet と無線 LAN

⏻ LAN

　たいていの PC には、ネットワークにつながるポートがあります。ここには物理的なケーブルを接続しますので、有線 LAN です。ケーブルを接続しない、電波などでデータのやり取りをする無線 LAN もありますが、前章で挙げたマザーボードには付いていませんでした。

　さて、LAN とはいったい何でしょうか。Local Area Network の略で、これの対義語が WAN（Wide Area Network）です。

　LAN ：建物内など近距離で、高速な通信が可能なネットワーク。
　　　　家庭内・企業内などで、比較的容易にネットワークを構築することが可能になってきた。

　WAN ：遠距離で、LAN と比較すると通信速度が低速なネットワーク。
　　　　ただし、いまでは光ケーブルなどを使って、かなり高速な通信も可能になっている。インターネット自体は WAN と呼べる。

　ここで、通信速度について「高速」「低速」という言葉が出てきました。通信速度の単位は bps（bits per second）が使われ、これは 1 秒間に何ビットの情報を送ることができるかを表します。つまり通信速度が高速とは、1 秒間に送れるビット数が多い、という意味になります[*3]。言い換えれば、通信の伝送路が太く、たくさんのデータを素早く流すことができる、ということです。

　なお、最近は通信速度が向上しているため、単位 bps をそのまま使うのではなく、以下の単位がよく使われるようになりました。

　Mbps ：10^6bps ＝ 　　　1,000,000bps
　Gbps ：10^9bps ＝ 1,000,000,000bps

　いま普及している LAN では、有線 LAN では 100Mbps 〜 1000Mbps

[*3] 「通信速度」という言葉を素直に解釈すると、ある 1 ビットを送ったときに、それが何秒後（何ミリ秒後、何マイクロ秒後でもいいですが）に届くか、つまり、伝送路の中をデータがどれだけ速く流れているか、を意味するように思えるかもしれませんが、そうではありません。それを意味するのは伝送遅延（の逆数）です。

（1Gbps）、無線 LAN では 54Mbps 〜数百 Mbps のものがよく使われています[*4]。

　LAN は、OSI 参照モデル（図 6-3）で言えば、第 1 層の物理層と第 2 層のデータリンク層に相当します。モデルでは 2 層に分かれていましたが、一括して LAN の規格・プロトコルになります。

🔘 MAC アドレス

　LAN では、1 つのネットワークに複数のエンドノードを接続して使用します。たとえば 3 台のエンドノードを接続した、トポロジーがバス型のネットワークを考えます（図 6-6）。ここで、ノード #1 がノード #2 にデータを送りたい、とします。どうやって宛先のノードを指定したらいいでしょうか。

　結論を先に言ってしまうと、各ノードには MAC アドレスと呼ばれる 48 ビットの値があらかじめ割り当てられて（機器に埋め込まれて）います[*5]。

　MAC アドレスは基本的に、世界中のすべての機器において、同じ値は存在しないようになっています。どうやってそんなことができるかについては図 6-7 を見てください。48 ビットの値のうち、上位の 24 ビットは、その LAN に接続する機器を作ったメーカーを表す OUI という値です。OUI は、それを管理している IEEE[*6] という機関が各メーカーに割り当てます。

　各メーカーは、下位 24 ビットを自社で重複しないように機器それぞれに割り当てます。結果として、世界中で重複のない MAC アドレスが出来上がります（実際にはもう少し複雑なのですが、おおよそこのように理解しておけば問題ないでしょう）。

　LAN では、この MAC アドレスを頼りに宛先のノードに対してデータを送ります。LAN においてやり取りされる情報をフレームと呼びますが、そのフレームの先頭にあるヘッダ部分に宛先 MAC アドレスと送信元 MAC アドレス[*7] を埋め込んで、そのフレームをリンクに流します（図 6-6）。

[*4]　ここに挙げた LAN の通信速度は「理論上可能な最大速度」です。現実には、これより遅くなります。

[*5]　ただし、各ノードに LAN インターフェースが複数ある場合は、それぞれの LAN インターフェースごとに MAC アドレスが割り当てられているのが一般的です。

[*6]　IEEE は Institute of Electrical and Electronics Engineers の略で、電気・電子工学および計算機科学分野の専門家による機関です。なお、IEEE は「アイ・トリプル・イー」と読みます。

[*7]　送信元 MAC アドレスは、宛先が返事をする場合に、返事をする相手を指定するときに使われます。

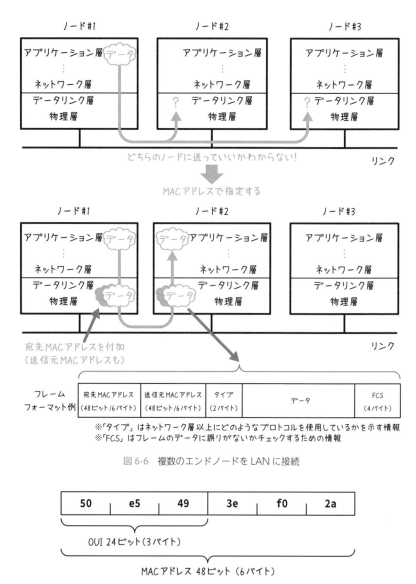

※「タイプ」はネットワーク層以上にどのようなプロトコルを使用しているかを示す情報
※「FCS」はフレームのデータに誤りがないかチェックするための情報

図 6-6　複数のエンドノードを LAN に接続

※OUI（Organizationally Unique Identifier）は、OUIを管理している
　IEEEが各メーカーに割り当てた値
　IEEEのサイトなどで、OUIからメーカー名を調べることができる

※MACアドレスを表記する場合は、16進法を使って以下のように表示する
　50:e5:49:3e:f0:2a
　50-e5-49-3e-f0-2a

図 6-7　MAC アドレス

自分の PC の MAC アドレスを見る方法は、OS によって異なります。ここで Windows の場合について見てみましょう。Windows 10（のバージョン 1909）では、

STEP 1 スタートメニューから「設定」
STEP 2 「ネットワークとインターネット」
STEP 3 「ネットワークのプロパティを表示」

を選ぶと、図 6-8 のような表示が出ます。LAN インターフェースが複数ある場合は、その数だけ表示されます。

図 6-8　Windows 10 で MAC アドレスを表示

Ethernet

　ここでは、有線 LAN の代表格である Ethernet（イーサネット）について説明します。現在、有線 LAN と言えば、特殊な用途で使われているものを除けば、ほぼすべて Ethernet です。

　Ethernet は IEEE 802.3 という規格で定められていますが、通信速度やケーブルの違いにより多くの種類があります。そのうち、最初に普及したの

が、10BASE5（1983年〜）と10BASE2（1984年〜）という、通信速度が10Mbps、同軸ケーブル[*8] を使用したバス型のトポロジーのものです。しかし、これらはいまではほとんど使われなくなりました。その理由は、同軸ケーブルは取り回しに難がある上、トポロジーがバス型のため配線が厄介なこともあります。バス型では、LAN上に機器を増設したい場合、同軸ケーブルに孔を開けてトランシーバと呼ばれる接続用の機器を取り付ける（10BASE5）か、機器の間を数珠つなぎになっている同軸ケーブルを外して途中に機器を挟み込むようにして接続する（10BASE2）かする必要があり、新規の機器を接続するときにLAN全体が停止してしまう可能性がありました。

そこで、トポロジーをバス型からスター型にした規格が考案されました。それが10BASE-T（1990年〜）です。図6-9を見てください。10BASE-Tは、従来の10BASE5や10BASE2のバスの部分をハブという装置に集約し、そのハブから各ノードへ接続する形態をとります[*9]。

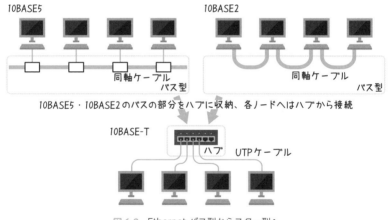

図6-9　Ethernet バス型からスター型へ

10BASE-TではUTP（Unshielded Twisted Pair）ケーブルという、安価で、比較的柔らかいケーブルを使います。このため取り回しが同軸ケーブルよりやりやすい、という利点があります。また、新規に機器を追加するときも、ハブ

[*8]　同軸ケーブルとは、テレビのアンテナ線でお馴染みの、芯線の周りに網線のある、太めのケーブルです。

[*9]　このため、10BASE-Tは外見上はスター型のトポロジーですが、電気的にはバス型トポロジーと同一で、通信の仕方等はバス型と変わりません。

にその機器を接続するだけで済み、LAN 全体が停止することもありません。

いずれの規格であれ Ethernet は 1 本の伝送路を、それに接続しているすべてのノードが共有します。同時に複数のノードがデータを送ることはできません。あるノードがデータを送りたい場合、以下のようなステップを経て、送信を開始します。

STEP 1 送りたいデータが発生する。
STEP 2 まず、伝送路が使用中かどうか調べる。
STEP 3 使用中でなければデータを送信する。
STEP 4 使用中なら、少し待ってから②に戻る。

この方式を CSMA（Carrier Sense Multiple Access）と呼びます。CSMAでは LAN に接続しているすべてのノードが対等な立場でデータの送受信を行います。この方式には 1 つ問題点があります。上記の②と③の間に他のノードが通信を開始してしまう可能性があることです。②で伝送路が使用中でないことを確認しても、③で送信するまでに他のノードが先に伝送路を使用してしまう可能性はゼロではありません。これを「衝突」と呼んでいて、現実に起こります。

この問題を解決するために、Ethernet では衝突検知の仕組み（CD、Collision Detection）を持っていて、衝突が発生した場合は再送を行うようになっています。これらの仕組みを合わせて CSMA/CD（Carrier Sense Multiple Access with Collision Detection）と呼び、Ethernet のアクセス方式として採用されています。

なお、衝突が発生すると、データ送信がいったん中止され、再送信されることになってしまいます。これにより無駄に待ち時間が発生することになり、効率が落ちます。特に衝突が頻発するような状況になると、その再送信も頻発することになり、通信がほとんど行えないような状態になってしまうこともあります。これは CSMA/CD 方式の大きな欠点と言えます。

⏻ リピータとブリッジ

図 6-9 にあるハブは、中継ノードに相当します。前述したように中継ノードにはいくつかの種類がありますが、10BASE5 や 10BASE2 のバスを集約したハブはリピータ、つまり物理層で中継を行う装置に相当し、これをリピータハブとも呼びます。

さて、すぐ前で説明したように、Ethernet のアクセス方式である CSMA/CD には、1 つの伝送路を多くのノードで共有するために、衝突が発生するという欠点がありました。これを解決するために、ハブの中で複数の通信を同時に行えるようにする方式が考案されました。宛先 MAC アドレスを見て、それによってデータの送り先を切り替える、スイッチングハブです（図 6-10）。スイッチングハブは、中継装置としてはデータリンク層で中継を行うブリッジに相当します。

> **注意**
>
> 物理層で中継を行うリピータであるハブはリピータハブと呼びますが、データリンク層（L2）で中継を行うブリッジであるハブはスイッチングハブと呼びます。ブリッジハブという言い方はまずしません。
> なお、ネットワーク層（L3）で中継を行うハブもあります。これもスイッチングハブの一種です（L3 スイッチ）。ブリッジ（L2）に相当するハブのことを明示したい場合は L2 スイッチと呼びます。

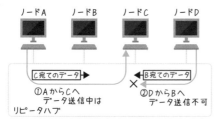

・リピータハブは物理層で中継を行うリピータ
・伝送路は 1 本のため、同時に複数の通信はできない
・衝突が発生することがあり、再送が起こる可能性あり
・すべてのノードの通信速度は同じである必要がある（10BASE-T・100BASE-TX などを混在できない）

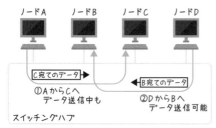

・スイッチングハブはデータリンク層で中継を行うブリッジ
・同時に複数の通信を行うことができる
・衝突は原理的に発生しない
・接続するノードの通信速度は異なっていても構わない（10BASE-T・100BASE-TX などを混在可能）

図 6-10　リピータハブとスイッチングハブ

⏻ Ethernet の高速化

初期の Ethernet は 10Mbps で、なおかつ衝突により通信速度が低下するという欠点を持っていました。Ethernet の高速化には、

- 衝突を発生させない
- 通信速度の向上

の 2 点が重要になります。前者はスイッチングハブを使用することにより実現可能です。後者は、高速通信が可能な規格を制定することになります。高速通信可能な Ethernet として、以下の 2 種類の規格が普及しています。

100BASE-TX（1995 年〜）：通信速度 100Mbps
1000BASE-T（1998 年〜）：通信速度 1GBps。GbE とも呼ばれる

これらの規格に対応したハブは、その大半がスイッチングハブです。通信速度を向上させても、衝突が多発するようでは実際の性能向上にはつながらないためです。また、スイッチングハブに使用される部品も安価になっているため、あえてリピータハブにする必要性が薄いのも理由です [10]。なお、LAN インターフェースには、よく RJ45 と書かれています。RJ45 というのはコネクタの形式を表していて、いま Ethernet ではこの RJ45 が普通使われています。しかし、これだけでは、通信速度がいくつなのかはわかりません。たとえば第 5 章で取り上げたマザーボードでは、メーカー Web サイトの仕様表に以下のような記載があります。

LAN 機能　Realtek® RTL8111H, 1000BASE-T/100BASE-TX/10BASE-T

「Realtek® RTL8111H」は Ethernet コントローラという部品のメーカー名と型番を示しています。その後ろ「1000BASE-T/100BASE-TX/10BASE-T」が規格です。つまり、このマザーボードの LAN インターフェースは、1000BASE-T、100BASE-TX、10BASE-T の 3 種類の規格に対応していますよ、ということになります [11]。

---

[10] たとえば、5 ポート程度の 1000BASE-T 対応スイッチングハブは、2020 年現在、安いものでは 2,000 円以下で購入可能です。

[11] これら 3 種類の規格のうち、どれで実際に動作するかは、接続するハブが対応している規格によります。接続する両者で最も高速な規格が自動的に選択される仕組みになっています。この仕組みをオートネゴシエーションと呼びます。

⏻ 無線 LAN

無線 LAN（Wi-Fi）は、たいへん広く使われるようになりました。特にノート PC やスマホ・タブレットのような持ち運んで利用する機器では、無線 LAN がネットワーク接続の主流になっています。いま一般的な無線 LAN の接続形態は図 6-1 のようになります。Wi-Fi アクセスポイントという装置を中心としたスター型のトポロジーです。

ここで Wi-Fi アクセスポイントは無線 LAN におけるハブのような役割を果たすいっぽう、有線 LAN とも接続できる中継ノードです。Wi-Fi アクセスポイントは、中継ノードとしてはブリッジに相当します。

さて、通常市販されている製品では「Wi-Fi ルータ」と呼ばれていることが多いかと思います。これは、図 6-1 で言えば、Wi-Fi アクセスポイントにハブやルータの機能を合体した製品です。家庭内での用途を考えれば、

- 無線 LAN につなぎたい機器がある
- 有線 LAN にもつなぎたい機器がある
- インターネットにもつなぎたい

といった要求が多いでしょう。これらを 1 台の機器で実現しているのが Wi-Fi ルータです。無線 LAN は IEEE 802.11 という規格で定められています。この規格番号の後ろにアルファベット 1 ～ 2 文字が付いた規格が一般的に有名です（表 6-1）。表の下に行くほど新しい規格で、最近は IEEE 802.11n や IEEE 802.11ac がよく使われているでしょうか。

表 6-1 無線 LAN の主な規格

規格	周波数帯	通信速度
IEEE 802.11a	5GHz	54Mbps
IEEE 802.11b	2.4GHz	11Mbps
IEEE 802.11g	2.4GHz	54Mbps
IEEE 802.11n	2.4GHz, 5GHz	65Mbps ～ 600Mbps
IEEE 802.11ac	5GHz	292.5Mbps ～ 6.93Gbps
IEEE 802.11ax	2.4GHz, 5GHz	600.4Mbps ～ 9.61Gbps

これらの無線 LAN は電波を使用しています[*12]。電波を使用している以上、誰かがその電波を傍受する可能性があります。このとき、その通信内容が漏れることを防ぐためには、通信を暗号化する必要があります。いくつかの暗号化方式が無線 LAN で使用されてきましたが、現在では WPA2（Wi-Fi Protected Access 2）がよく使われています。さらに WPA の新しい規格 WPA3 も利用可能になりつつあります。

[*12]　電波以外の無線通信もあり得ますが、現在のところ電波を使う方式が主流です。

6.3 TCP/IP

⏻ IP

TCP/IP という用語は耳にしたことがあるかと思います。これは、TCP と IP という 2 つのプロトコルのことです。

- **IP（Internet Protocol）**
  第 3 層（ネットワーク層）のプロトコル。世界規模のコンピュータネットワークであるインターネット（the Internet）は IP による大規模ネットワークである。

- **TCP（Transmission Control Protocol）**
  第 4 層（トランスポート層）のプロトコル。IP の上位層に位置し、信頼性の高い通信を保証する。

TCP/IP には、それに付随した多くのプロトコルが存在しています。それらを合わせてインターネットプロトコルスイートと呼んでいます。

まず IP について見ていきます。図 6-11 を見てください。これは IP によって通信を行っているネットワークで、IP ネットワークなどとも呼びます。IP ネットワークは、ルータによって相互接続されているサブネットの集まりです。なお、前述したように、ルータは第 3 層（ネットワーク層）で中継を行う中継ノードです。

図 6-11 のように相互接続された、世界的なネットワークのことをインターネット（the Internet）と呼びます。つまり、インターネットとは世界規模の巨大な IP ネットワークのこと、とも言えます。

IP の規格にはいくつかのバージョンがあり、いま普及しているバージョンには、IPv4（バージョン 4）と IPv6（バージョン 6）があります。ここでは主に IPv4 について見ていきます。

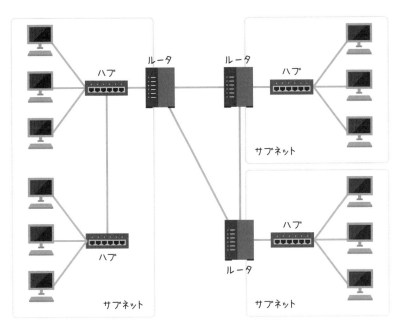

※ルータにより分離された各部分をサブネットと呼ぶ
※ハブは、リピータハブまたはスイッチングハブ（L2スイッチ）のいずれか

図 6-11　IP ネットワーク

⦿ IP アドレス

IP ネットワークにおける通信では、宛先のノードを表すために IP アドレスを使用します。IPv4 の場合、IP アドレスは 32 ビットの値です。

少し前に、宛先のノードを表すためのアドレスとして MAC アドレスが出てきました。MAC アドレスと IP アドレスは何がどう違うのでしょうか。

- ### MAC アドレス

  LAN において宛先を表す 48 ビットのアドレス。第 2 層（データリンク層）のプロトコルで使用される。個々の LAN インターフェースにはあらかじめ MAC アドレスが設定されている。

- ### IP アドレス

  IP ネットワークにおいて宛先を表す 32 ビットのアドレス（IPv4 の場合）。第 3 層（ネットワーク層）のプロトコルで使用される。利用者がアドレスを設定する（後述するように自動で設定する仕組みもある）。

図 6-12 に IP アドレスと MAC アドレスの使い方の違いについて図示しました。

IP アドレスは 32 ビットの値で、利用者（IP ネットワークに接続する機器を設置した者）が設定します。IP アドレスは IP ネットワーク内で一意でなければなりませんが、それ以外にも規則があります。

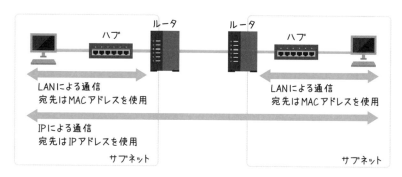

図 6-12　MAC アドレスと IP アドレス

IP アドレスは 2 つの部分に分かれていて、上位のビットをネットワーク部（ネットワークアドレス）、下位のビットをホスト部（ホストアドレス）[13] と呼びます（図 6-13）。

そして、同一サブネット内のすべてのホストは、同じネットワークアドレスを持つ必要があります。つまりネットワークアドレスでサブネットを指定し、ホストアドレスでそのサブネット内の個々のホストを示す、ということになります。

---

[13] 「ホスト」は IP における用語で、IP ネットワーク内のノード（特にエンドノード）のことを指します。

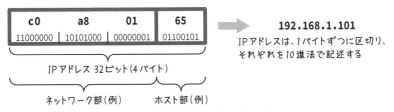

192.168.1.101

IPアドレスは、1バイトずつに区切り、
それぞれを10進法で記述する

IPアドレス 32ビット（4バイト）

ネットワーク部（例）　ホスト部（例）

※上記は、ネットワーク部24ビット、ホスト部8ビットの場合の例
　ネットワーク部とホスト部のビット数は必ずしも24ビット/8ビットとは限らない（図6-14参照）

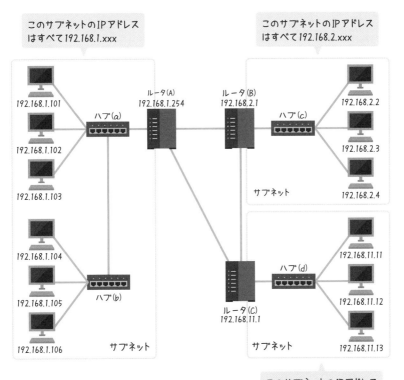

図 6-13　ネットワークアドレスとホストアドレス

IPアドレスのネットワーク部とホスト部のビット数は、以前は固定で3種類ありました（図 6-14「IPアドレスのクラス（初期）」）。しかし、これでは柔軟性に欠けるため、いまはそれぞれのビット数を自由に設定できるようになり（CIDR、Classless Inter-Domain Routing、「サイダー」と読む）、その区切りを表すためにサブネットマスクという値を使用するようになっています。

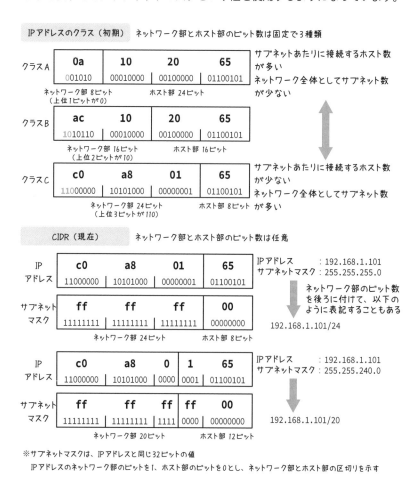

図 6-14　サブネットマスク

図 6-8 を再度見てください。「IPv4 アドレス：　192.168.1.11/24」という行があります。これが IP アドレスとサブネットマスクを表しています。「/24」とありますので、実際のサブネットマスクは「255.255.255.0」になります。

⏻ ARP と経路制御

IP アドレスは、ネットワーク部とホスト部に分かれている、という話をしましたが、その理由は何なのでしょうか。ここでその理由について説明します。

図 6-13 を再度見てください。いま、ネットワーク図の左上にある 192.168.1.101 というホストから、左下にある 192.168.1.106 というホストにデータを送りたいとします。これらのホストは同じサブネット上に存在します。同じサブネット上に存在するかどうかは、両者の IP アドレスにおいて、そのネットワーク部が同一かどうかで判断します。図 6-13 はネットワーク部が 24 ビットの例ですから、

送信元 192.168.1.101/24（ネットワーク部は 192.168.1）

宛先　 192.168.1.106/24（ネットワーク部は 192.168.1）

となっていて、それぞれの IP アドレスのネットワーク部は同じです。したがって、同一サブネットにあると判断できます。

同一サブネット内での通信は、LAN を経由して直接行うことができます。このときの送信元ホスト（192.168.1.101）では以下のような処理を行います（これらは第 3 層（ネットワーク層）で行われる処理の一部です。実際にはもっとさまざまな処理が行われますが、ここでは簡略化して書いています）。

STEP 1 192.168.1.106（宛先）へ送るデータが発生する
STEP 2 宛先が同一サブネットかどうかを調べる⇒同一サブネット内
STEP 3 宛先の MAC アドレスを調べる
STEP 4 その MAC アドレス宛てにデータを送信する

ここで問題になるのが **STEP 3** です。いまデータの送り先（宛先）としてわかっているのは IP アドレス（192.168.1.106）です。しかし、LAN で通信を行うためには MAC アドレスを知らないといけません。これはどうやって調べるのでしょうか。この IP アドレスと MAC アドレスの対応を調べるために一般的に使われているのが、ARP（Address Resolution Protocol、「アープ」と読む）です。ARP はプロトコルの名前なのですが、そのプロトコルを利用する仕組み・機能も ARP と呼んでいます。

ARP は、LAN 上のすべてのノードに対して通信を行うブロードキャストという方法で、たとえば 192.168.1.106 の MAC アドレスを知りたい場合は、「192.168.1.106 の IP アドレスを持つホストは、MAC アドレスを応答してく

ださい」というブロードキャスト（つまり「放送」）を行います。これを受け取った 192.168.1.106 のノードは自分自身の MAC アドレスを応答します。この応答を利用して、IP アドレスと MAC アドレスの対応関係を求めます。この対応関係を調べるブロードキャストは、通信をするたびに行うのは非効率ですので、いったん求められたものは対応表（ARP テーブル）に保管します。

> **ポイント**
>
> ブロードキャストはサブネット内でしか通信を行えませんので、ARP によって知ることができる MAC アドレスはリブネット内のものだけになります。

　ARP テーブルの内容は、OS のコマンド等で見ることができます。たとえば Windows の場合ならば、コマンドプロンプトでリスト 6-1 のように表示できます。「インターネット アドレス」の部分が IP アドレス、「物理アドレス」の部分が MAC アドレスです。

リスト 6-1：ARP テーブルの表示（Windows 10 における例）

```
C:¥>arp -a                          ←ARPテーブル表示のコマンド

インターフェイス: 192.168.1.11 --- 0xf
  インターネット アドレス 物理アドレス          種類
  192.168.1.3          00-0c-29-b2-ef-da     動的
  192.168.1.5          00-0c-29-35-ff-cc     動的
  192.168.1.6          00-0c-29-8c-1a-a2     動的
  192.168.1.101        a8-13-74-53-af-cf     動的
  192.168.1.102        b8-6b-23-80-d7-3a     動的
  192.168.1.108        68-76-4f-5c-77-b9     動的
    ⋮

C:¥>
```

　さて、今度は以下のような、違うサブネット宛ての通信について見てみます。
　送信元 192.168.1.101/24（ネットワーク部は 192.168.1）
　宛先　 192.168.11.13/24（ネットワーク部は 192.168.11）
　サブネットが違いますから、ルータを経由した通信になります。このときの送信元ホスト（192.168.1.101）では以下のような処理を行います。

STEP 1　192.168.11.13（宛先）へ送るデータが発生する
STEP 2　宛先が同一サブネットかどうかを調べる⇒同一サブネットではない

　サブネットが違う宛先にデータを送る場合は、宛先の MAC アドレスを指定して直接データを送ることができません。前述したように、そもそもサブネットの違う宛先の MAC アドレスは ARP で知ることもできません。

　そこで、このような場合は、そのサブネットに接続されているルータ（のIP アドレス）宛てにデータを送ります。ここではルータ（A）宛てにデータを送ります。サブネットに接続されているルータの IP アドレスは、利用者が各ホストに設定します。図 6-8 を再度見ると「デフォルト ゲートウェイ：192.168.1.254」という行があります。これが、192.168.1 というサブネットに接続されているルータの IP アドレスです。

注意

「ゲートウェイ」と表現されていますが、ルータのことです。ちょっとややこしいのですが、IP の用語としてルータのことをゲートウェイと呼ぶことがあります。「デフォルトルータ」という呼び方がされることもありますが、「デフォルトゲートウェイ」のほうが一般的です。

---

　1 つのサブネットに複数のルータを接続することも可能ですが、その場合は、そのうち最もよく使うルータをデフォルトゲートウェイとして設定するのが一般的です（そうでないやり方もありますが、高度な設定になりますので、ここでは割愛します）。

　こうやって、送信元のホストはデフォルトゲートウェイとして設定されたルータに対してデータを送り付けます。これで送信元の仕事は終わりです。その後はデータを受け取ったルータ（A）が仕事を行います。

　ルータ（A）はルータ（C）へデータを転送します。なぜルータ（C）にデータを転送するか、というとルータ（C）には宛先 192.168.11.13 が接続されているからです。でも、その情報はどうやってルータ（A）が知ったのでしょうか。このあたりはかなり複雑になりますので、本書では説明しませんが、ルータに対してあらかじめ設定を行っていたり、ルータ同士で会話して情報交換を行ったり、ということをしています。

　このようにして、データを正しく送り届ける処理を経路制御と呼んでいて、IP の重要な機能になります。

⏻ IP 関連の設定と DHCP

各ホストでは、IP で通信を行うために設定が必要となります。主な設定項目を挙げます。

- IP アドレス
- サブネットマスク
- デフォルトゲートウェイ
- DNS サーバ（後述）

これらの設定を誤ると正しく通信ができなくなります。場合によっては設定を誤ったホストのみならず、他のホストの通信を阻害する可能性もあります。

そのため、これらの設定を自動化するため DHCP（Dynamic Host Configuration Protocol）という仕組みがあります。DHCP は本来プロトコルの名前ですが、そのプロトコルによって自動化を行う仕組みのことも DHCP と呼んでいます。

DHCP では、各ホストは適宜ブロードキャストを使って DHCP サーバに対して問い合わせを行い、設定情報を受け取ります。DHCP サーバはネットワーク上のどこかのノードで動作しているプログラムで、家庭内で利用する場合などは通常インターネットに接続するためのルータ上にあります。

図 6-15 を見てください。これは、インターネット接続用ルータの設定画面の例です。ここで、DHCP サーバ機能を使用するかどうか、使用する場合の

IP アドレスの割り当て数などを設定できます。

　DHCP サーバ機能を使用すると、あるホストから要求があった場合、その
ホスト用の IP アドレスを自動的に割り当てて返答します。ここでは、最大 32
個までの IP アドレスを割り当てることができるように設定しています。

　通常はこのまま「DHCP サーバ機能：使用する」でルータを動作させますが、
場合によってはここで DHCP サーバ機能を使わないこともできます。たとえ
ば、ほかで DHCP サーバを動かすので、このルータでは使わないとか、そも
そも DHCP は使わず、全部手作業で設定を行うとか、そういった場合です。

図 6-15　DHCP サーバの設定

⏻ IPv6

　ここまで、IPv4 について見てきました。現状では、皆さんが身近に接して
いるのは、ほとんどの場合 IPv4 です。IPv6 もインターネットの内部では利
用されていることがありますが、基本的には IPv4 と並用できるような仕組み
があります。

IPv4 と IPv6 の最も大きな違いは IP アドレスのビット数と言えます。

IPv4：32 ビット
IPv6：128 ビット

インターネットに接続するホストが爆発的に増えたことにより、IPv4 のアドレスは足りなくなってきました。また、IPv4 の場合、外付けの DHCP などの力を借りないことには、自動的にホストの IP アドレスを設定できない、などの不便さもあります。これを解決しようとしたのが IPv6 です。IP アドレスのビット数を 4 倍に増やし、IP アドレスの不足に対応しています（IP アドレスのビット数が 32 から 128 になると、表現できるアドレスの数は単純計算で、$2^{128} / 2^{32} = 2^{128-32} = 2^{96}$ 倍になります）。

一般的な通信で使われる IPv6 のアドレスは、上位 64 ビットと下位 64 ビットに分かれています。

- **ネットワークプリフィックス**
  上位 64 ビット。IPv4 のネットワーク部に相当。
  ルータに問い合わせて、自動的に決定。

- **インターフェース ID**
  下位 64 ビット。IPv4 のホスト部に相当。
  MAC アドレスを埋め込むことで重複しない値を自動生成。

IPv4 と異なりそれぞれのビット数は固定ですので、サブネットマスクは必要ありません。また、自ホストの IP アドレスは自動的に決まるため、DHCPを利用せずとも IP アドレスの設定が可能です。

IPv6 はこのように優れた点があるのですが、「IP（Internet Protocol）」と呼ばれてはいても IPv4 とは別物のプロトコルであるため、IPv4 のホストとIPv6 のホストは直接通信ができるわけではありません。そのため、特にインターネットの末端部分では、あまり普及しているとは言えません[14]。

TCP と UDP

TCP/IP のうち、ここまでは第 3 層（ネットワーク層）の IP について見てきましたが、ここでは第 4 層（トランスポート層）に位置する TCP について

---

[14] インターネットの内部では、IPv4 と IPv6 の変換を行った上で利用されていることがあります。

説明します。

　TCP/IP では、第 5 層～第 7 層はまとめて TCP/IP アプリケーションと呼ん
でいます（以後、単に「アプリケーション」と表記することがあります）。図
6-16 を見てください。TCP/IP アプリケーションが、TCP/IP を利用して通信
を行っています。最も身近な TCP/IP アプリケーションと言えば、ウェブブラ
ウザが挙げられます[*15]。

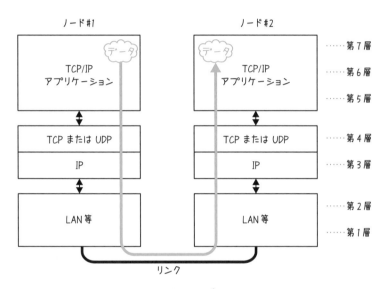

図 6-16　TCP/IP アプリケーション

　図 6-16 では、第 4 層の位置に、TCP のほかに UDP とも書かれています。
UDP（User Datagram Protocol）は TCP と同じ位置に存在し、アプリケーショ
ンによってはプロトコルとして TCP ではなく UDP を利用するものもありま
す[*16]。TCPは信頼性の高い通信を保証していますが、そのため複雑な通信を行っ
ています。それに対して UDP は信頼性を保証しないかわりに、単純なやり取
りで通信を行うことができます。TCP を使うか UDP を使うかは、アプリケー
ションによります。

[*15]　ウェブブラウザには、Internet Explorer、Microsoft Edge、Mozilla Firefox、Google Chrome、
　　　 Apple Safari 等々、いろいろありますが、いずれも TCP/IP アプリケーションです。
[*16]　TCP/IP に対して UDP/IP という呼び方もありますが、通常 TCP/IP と言った場合、前にも説明し
　　　 たとおり TCP/IP を含む多くのプロトコルの集合（プロトコルスイート）を表し、そこには UDP
　　　 も含まれている、と考えていいでしょう。

さて、ネットワークにおける通信は、クライアント・サーバ型と呼ばれる形態が大半を占めています。これは、クライアントがサーバに対して何らかの要求を行う形で通信を行うというものです。たとえば、ウェブブラウザはクライアントで、そこからウェブサーバに対して要求を出して、情報をもらっています。これがクライアント・サーバ型の通信になります。

　クライアントもサーバも TCP/IP アプリケーションです。そして、サーバは常時稼働していて、クライアントからの要求を待っています。いま、あるコンピュータ上にウェブサーバとメールサーバが同居しているような状態を考えます。

> **注意**
>
> （TCP/IP アプリケーションとしての）サーバが常時動作しているコンピュータ（TCP/IP 的に呼べば「ホスト」）のことも一般的にサーバと呼びます。「サーバ」と表現されたときに、アプリケーション（つまりソフトウェア）のサーバなのか、コンピュータ（つまりハードウェア）のサーバなのか、は文脈から判断する必要があります。

　ここで、ウェブブラウザ（クライアント）がウェブサーバに対して要求を出したとします。ウェブサーバが動作しているホストへは、IP アドレスを使って通信できます。しかし、このホスト上にはウェブサーバのほかにメールサーバも動作しています。いずれと通信したらいいか、IP アドレスだけでは特定できません（図 6-17）。そこで使われるのがポート番号という 16 ビットの値です。これは TCP・UDP で使われるアドレスです。

　サーバで使われるポート番号は多くの場合決まっていて、これをウェルノウンポート（Well-known port）と呼びます。たとえばウェブサーバで使われているポート番号は 80 や 443 です[17]。いっぽうクライアント側のポート番号は任意で、実行中に使われていない番号から選択されます。

　なぜサーバ側のポート番号が固定なのか、というと、クライアントがサーバに要求を出すとき、サーバ側のポート番号を指定して通信を行う必要があるからです。ポート番号がわからないと、そもそも通信を開始することすらできません。

---

[17]　必ずウェルノウンポートを使用しなければいけない、というわけではありません。たとえば、複数のウェブサーバを同じホストで実行するような場合、同じポート番号を使用することはできませんから、それぞれ別のポート番号を使用することになります。

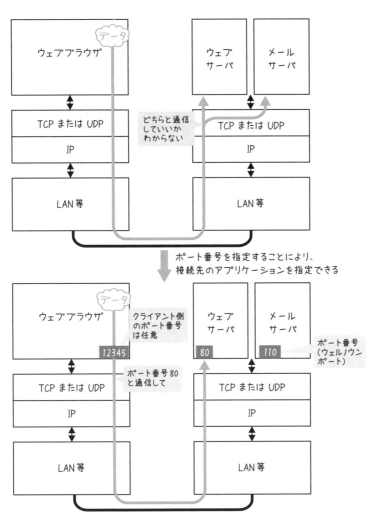

図 6-17　ポート番号

6.4 TCP/IP アプリケーション

⏻ 名前解決

　OSI 参照モデルの第 5 層〜第 7 層の部分は、TCP/IP を利用して通信を行うアプリケーションです。前にも説明したとおり、TCP/IP の世界では、この 3 層分を特に分けて考えず、通常まとめてアプリケーションとして取り扱います。

　ここではいくつかの TCP/IP アプリケーションについて見ていくことにします。まず最初は名前解決です。IP ネットワークでは通信相手は IP アドレスによって指定します。たとえば「192.168.1.101」のようなものです。これを我々利用者が使うこともあります。図 6-15 を再度見てください。上部に「192.168.1.254/index.cgi/lan_main」という URL が表示されています[18]。ご存じのとおり、URL はブラウザなどで接続先を示す文字列ですが、このうち「192.168.1.254」の部分が IP アドレスです。この IP アドレスのホストに接続します。しかし、こんな数字の羅列では、接続先がどこかよくわかりませんね。

　次に図 6-18 を見てください。今度は URL が「router1/index.cgi/lan_main」になっています。この URL の接続先ホストは「router1」です。これなら、「ああ、ルータに接続しているんだな」と、なんとなくわかります。この「router1」はホスト名と呼ばれていて、簡単に言ってしまえば IP アドレスの別名です。このように IP アドレスには別名であるホスト名を付けることができます。

---

*18　この URL は、正確には「http://192.168.1.254/index.cgi/lan_main」なのですが、使っているブラウザによっては「http://」の部分が省略されて表示されない場合があります。

図 6-18　DHCP サーバの設定（ホスト名を使用して接続）

　このホスト名をどうやって付けるかなのですが、いくつかの方法があります。ここでは、2 つの方法を紹介しておきます。

- hosts ファイルを利用する方法
- DNS を利用する方法

　まず、hosts ファイルを利用する方法について説明します。これは文字どおり hosts というファイルに、IP アドレスとホスト名の対応関係を記述する方法です。hosts ファイルは、各コンピュータそれぞれに置きます。置く場所は OS によって異なりますが、以下のようなところになります。

- [Windows の場合] C:¥Windows¥System32¥drivers¥etc¥hosts [19]
- [Linux の場合] /etc/hosts

　hosts ファイルの例がリスト 6-2 です。hosts ファイルでは、IP アドレス

---

[19] OS のインストール場所を変更していると、別の場所になることがあります。

とホスト名を 1 行に記述します。たとえば「192.168.1.254　router1」とあります。つまりホスト名 router1 に接続しようとすると、それは IP アドレス192.168.1.254 へ接続することになります。

リスト 6-2 ：hosts ファイルの例

```
192.168.1.1      gate
192.168.1.2      aserver
192.168.1.3      fserver
192.168.1.253    router2
192.168.1.254    router1
```

　hosts ファイルを利用することにより、IP アドレスに名前を付けることが可能になります。しかし、これを世界規模のネットワークであるインターネットに適用しようとすると、世界中のホストについて、IP アドレスとホスト名の対応関係をファイルに記述する必要が出てきます。また、この対応関係は永続的であるとは限りません。

　そこでインターネットでは、名前解決に DNS（Domain Name System）という仕組みを使います。これはクライアント・サーバ型の名前解決のシステムです。

　たとえば、ブラウザで以下の URL を入力したとします。

https://www.google.com/

　ここで「www.google.com」がホスト名です。ブラウザが動作するコンピュータにはリゾルバと呼ばれる DNS クライアントが動作していて、そのリゾルバが DNS サーバに対して

　「www.google.com の IP アドレスを教えてください」

という問い合わせを行います。すると DNS サーバから、

　「www.google.com の IP アドレスは xxx.xxx.xxx.xxx です」

と返してくれます。ブラウザはこうやって IP アドレスを求めてから通信を行います。

　ここで問題になるのは、リゾルバはどうやって DNS サーバと通信を行うのか、もっと言えば、どうやって DNS サーバの IP アドレスを知るのか、ということです。これは、自動的にわかるものではなく、自分で設定する必要があります[20]。

---

[20] DHCP を利用している場合は、その機能によって自動的に設定することは可能です。

DNS サーバはインターネット上に多数存在しており、家庭内で使うような末端の利用者の場合、自分が契約している ISP（Internet Service Provider）が提供してる DNS サーバを利用します。さらに、家庭内に置いてあるルータも DNS サーバになっていますので、それを利用するのが一般的です[*21]。

図 6-8 を見てください。「DNS サーバー：　192.168.1.253, 192.168.1.254」とあります。これが DNS サーバの IP アドレスです。この DNS サーバに対して問い合わせを行っていることになります。たいていの OS には、この問い合わせだけを行うコマンドが用意されています。

リスト 6-3 を見てください。nslookup というコマンドを Windows 10 上で実行した例です。ここでは細かい説明はしませんが、ホスト名を入力すると、それに対応した IP アドレスが返ってきていることがわかります。

リスト6-3：nslookup の実行例

```
C:¥>nslookup                              ←nslookupを実行
Address:  192.168.1.253


> www.google.com                          ←www.google.comの問い合わせ
サーバー:  web.setup
Address:  192.168.1.253


権限のない回答:
名前:    www.google.com
Addresses:  2404:6800:4004:81b::2004      ←回答（IPv6）
            216.58.197.164                ←回答（IPv4）


> www.yahoo.co.jp                         ←www.yahoo.co.jpの問い合わせ
サーバー:  web.setup
Address:  192.168.1.253


権限のない回答:
名前:    edge12.g.yimg.jp
Address:  183.79.250.123                  ←回答（IPv4）
Aliases:  www.yahoo.co.jp


> quit


C:¥>
```

[*21] DNS サーバ同士は通信を行っており、自分の DNS サーバにない情報は別の DNS サーバに取りに行きます。家庭内に設置してあるルータが DNS サーバになっているとは言っても、そこに世界中のすべてのホストの情報が入っているわけではありません。

⏻ さまざまな TCP/IP アプリケーション

　TCP/IP を利用するアプリケーションは多数あり、そのすべてを紹介することはできません。ここでは、一般的によく使われている仕組みとプロトコルを表 6-2 に挙げておきます。

　代表的なプロトコルを使ったプログラムや、独自のプロトコルを使ったプログラムを自分で作成することもできます。ソケットインターフェースと呼ばれる低レベルな方法を利用する昔ながらの手法もありますが、いまではもっと簡単に TCP/IP ネットワークを利用する手段がたくさん提供されています。

表 6-2　主な TCP/IP アプリケーションとプロトコル

機能	主なプロトコル
ウェブブラウジング	HTTP, HTTPS
メール	SMTP, POP3, IMAP
ファイル共有	SMB, NFS
ファイル転送	FTP
リモートログイン	TELNET, SSH, RDP

7

グラフィックス

　本章では、入出力の一種と言える画面表示の仕組み、ユーザインターフェース、特にいまでは当たり前になっているグラフィカルユーザインターフェースの考え方、プログラミングとの関係などについて見ていきます。

7.1 画面表示の仕組み

⏻ 画面に表示するということ

図 7-1 を見てください。Windows 10 の画面 (デスクトップ) です。これは、Windows 10 をインストールした直後のほぼ何も表示されていない状態です。何も表示されていない、とは言っても、画面下部にはタスクバーが表示され、いくつかのアイコンなどがあります。また左上にはごみ箱もあります。デスクトップの背景は青っぽい色をしています。

図 7-1　Windows 10 のデスクトップ画面

このような表示はどうやって実現しているのでしょうか。それを調べるために、この画面を丸々ファイルに落としてみます[*1]。これはスクリーンキャプチャとかスクリーンショットと呼ばれている操作です。Windows の場合、

[*1] 「ファイルに落とす」という表現は、IT 業界ではよくします。場合によりますが、ここでは (画面に表示された) 情報をファイルに書き込む、程度の意味です。

PrintScreen キーを押すと、表示されている画面（の情報）がいったんクリップボードにコピーされます。あとは「ペイント」等のアプリに貼り付けて保存すれば、「ファイルに落とした」ことになります。ここで、保存するファイルの形式は BMP を選択し、ファイル名は「screen.bmp」とします。このファイルの内容を 1 バイトずつ 16 進法で表示することにより、中身をのぞきます。

> **ポイント**
>
> BMP は Windows Bitmap というファイル形式で、たいへん単純な画像ファイル形式です。圧縮等を行っていないため、ファイルサイズが大きくなりますが、画面データの中身をのぞくのには好都合です。

第 2 章でメモリの内容を数値（16 進法）で表示したものを「メモリダンプ」と呼びましたが、今回はファイルの内容を表示するので「ファイルダンプ」と呼びます。

Windows 10 の標準の機能でファイルダンプを行う場合、PowerShell を使うのが最も簡単です。リスト 7-1 を見てください。screen.bmp の内容をダンプしてみました。

> **注意**
>
> Format-Hex コマンドが使えるのは PowerShell 5.0 以上です。Windows 10 であれば PowerShell 5.0 以上が標準搭載されていますが、Windows 8 や 8.1 の標準搭載は PowerShell 3.0 や 4.0 です。

リスト 7-1 : スクリーンショットのダンプ

```
PS C:¥> Format-Hex screen.bmp                                      ←screen.bmpをダンプ


          パス: C:¥screen.bmp

          00 01 02 03 04 05 06 07 08 09 0A 0B 0C 0D 0E 0F

00000000  42 4D 38 F9 15 00 00 00 00 00 36 00 00 00 28 00  BM8u......6...(.
00000010  00 00 20 03 00 00 58 02 00 00 01 00 18 00 00 00  .. ...X.........
00000020  00 00 02 F9 15 00 C3 0E 00 00 C3 0E 00 00 00 00  ...u..A...A.....
00000030  00 00 00 00 00 00 11 09 01 11 09 01 11 09 01 11  ................
00000040  09 01 11 09 01 11 09 01 11 09 01 11 09 01 11 09  ................
```

```
00000050   01 11 09 01 11 09 01 11 09 01 11 09 01 11 09 01   ...............
00000060   11 09 01 11 09 01 11 09 01 11 09 01 11 09 01 11   ...............
00000070   09 01 11 09 01 11 09 01 11 09 01 11 09 01 11 09   ...............
00000080   01 11 09 01 11 09 01 11 09 01 11 09 01 11 09 01   ...............
00000090   11 09 01 11 09 01 11 09 01 11 09 01 11 09 01 11   ...............
   :       （大量に出るので省略）
00017710   09 01 11 09 01 11 09 01 11 09 01 11 09 01 11 09   ...............
00017720   01 11 09 01 11 09 01 70 6B 67 11 09 01 11 09 01   .......pkg......
00017730   11 09 01 11 09 01 76 3B 0A 76 3B 0A 76 3B 0A 76   ......v;.v;.v;.v
00017740   3B 0A 76 3B 0A 76 3B 0A 76 3B 0A 76 3B 0A 76 3B   ;.v;.v;.v;.v;.v;
00017750   0A 76 3B 0A 76 3B 0A 76 3B 0A 76 3B 0A 76 3B 0A   .v;.v;.v;.v;.v;.
00017760   76 3B 0A 76 3B 0A 76 3B 0A 76 3B 0A 76 3B 0A 76   v;.v;.v;.v;.v;.v
   :       （大量に出るので省略）


PS C:\>
```

　ダンプが大量に表示され、流れていってしまいますので、1画面ごとに止めるために

```
Format-Hex screen.bmp | more
```

とやるか、またはいったんファイルに書き込むために

```
Format-Hex screen.bmp > screen_dump.txt
```

とやって、このファイル（screen_dump.txt）をテキストエディタ等で開いて見るか、いずれかの方法を使うのが便利です。

　このダンプの解説が図 7-2 にあります。ヘッダの部分には、このファイルの情報などが入っていますが、ここでは説明を省略します。そして、ヘッダの直後からが画像の情報になります。いま、この画像ファイルは先ほど取得したスクリーンショットですので、つまり画面に表示されている内容そのものが入っていることになります。

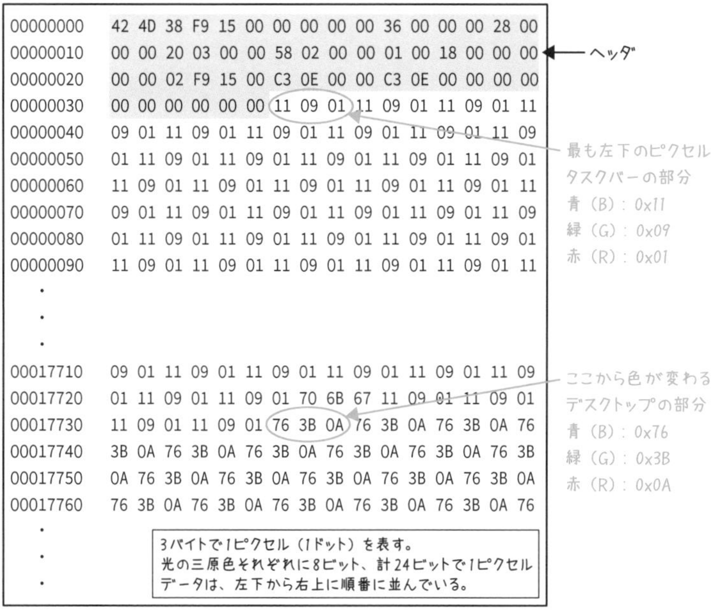

```
00000000    42 4D 38 F9 15 00 00 00 00 00 36 00 00 00 28 00
00000010    00 00 20 03 00 00 58 02 00 00 01 00 18 00 00 00    ← ヘッダ
00000020    00 00 02 F9 15 00 C3 0E 00 00 C3 0E 00 00 00 00
00000030    00 00 00 00 00 00 11 09 01 11 09 01 11 09 01 11
00000040    09 01 11 09 01 11 09 01 11 09 01 11 09 01 11 09
00000050    01 11 09 01 11 09 01 11 09 01 11 09 01 11 09 01
00000060    11 09 01 11 09 01 11 09 01 11 09 01 11 09 01 11
00000070    09 01 11 09 01 11 09 01 11 09 01 11 09 01 11 09
00000080    01 11 09 01 11 09 01 11 09 01 11 09 01 11 09 01
00000090    11 09 01 11 09 01 11 09 01 11 09 01 11 09 01 11
                                    ・
                                    ・
                                    ・
00017710    09 01 11 09 01 11 09 01 11 09 01 11 09 01 11 09
00017720    01 11 09 01 11 09 01 70 6B 67 11 09 01 11 09 01
00017730    11 09 01 11 09 01 76 3B 0A 76 3B 0A 76 3B 0A 76
00017740    3B 0A 76 3B 0A 76 3B 0A 76 3B 0A 76 3B 0A 76 3B
00017750    0A 76 3B 0A 76 3B 0A 76 3B 0A 76 3B 0A 76 3B 0A
00017760    76 3B 0A 76 3B 0A 76 3B 0A 76 3B 0A 76 3B 0A 76
                                    ・
                                    ・
                                    ・
```

最も左下のピクセル
タスクバーの部分
青（B）：0x11
緑（G）：0x09
赤（R）：0x01

ここから色が変わる
デスクトップの部分
青（B）：0x76
緑（G）：0x3B
赤（R）：0x0A

3バイトで1ピクセル（1ドット）を表す。
光の三原色それぞれに8ビット、計24ビットで1ピクセル
データは、左下から右上に順番に並んでいる。

図 7-2　BMP ファイルの中身

PC の画面は、縦横に並んだドットの集まりとして表示されています。この横方向と縦方向のドット数を画面解像度と呼んでいます。

注意

画面上に表示される最小単位はドット（点）、ピクセル（画素）など複数の用語があり、それぞれ意味合いが微妙に異なっていますが、ここでは「ドット」で統一することにします。
また、本来の意味合いで「解像度」と言えば、単位長さあたりのドット数のことを指します。そのため、縦横のドット数を画面解像度と呼ぶのは意味的に変ですが、現在では、慣例的にこのように呼ばれています。

さて、図 7-2 の最初の囲んだ部分「11 09 01」、この 3 バイトで画面上の 1 ドット（1 ピクセル）分を表します。それぞれのバイトは、光の三原色、青・緑・赤の輝度（明るさ）を示す数値です。たとえば、「00 00 00」なら真っ黒、「FF FF FF」なら真っ白、「FF 00 00」なら（最も純粋で明るい）青、という具合です。図 7-2 のデータの最初の部分は「11 09 01」ですから、

青：0x11

緑：0x09

赤：0x01

で、おおよそ青緑色、しかもかなり暗い青緑色になります。これは図 7-1 の画面では最も左下に位置するドットです。ここはタスクバーの部分になりますから、実際の見た目としてはほぼ黒に見える部分です。

　BMP ファイルは左下から右へ、右端に到達したら次は 1 ドット分上がってまた左端から右端へ、という順番にデータが並んでいて、最後に右上に到達します。図 7-2 を再度見てください。途中からデータが「76 3B 0A」に変わっています。ここからはデスクトップの背景になります。ちょっと緑がかった青色でしょうか。Windows でよく見る色はこんなデータになっているようです。

　このように 3 バイト（24 ビット）で 1 ドットを表す方式を 24 ビットカラーと呼び、PC やテレビ放送でよく使われています。24 ビットで表現できる情報は、$2^{24} = 16,777,216 ≒ 1677$ 万なので「1677 万色」「16 million colors」などと呼ばれることもあります。

　いま、画面解像度を 1920x1080、24 ビットカラーに設定した PC を考えてみます。このとき 1 画面に必要な情報は、

　　1920 × 1080 × 3 バイト = 6,220,800 バイト ≒ 6 メガバイト

とおおよそ 6MB（メガバイト）となります。画面表示用として少なくともこれだけのメモリを一度に必要としています。この画面表示用のメモリのことをVRAM やフレームバッファと呼びます。

　「VRAM」や「フレームバッファ」という用語は、別の意味合いで使われることもありややこしいのですが、ここではとりあえず上記の意味で VRAM と呼んでおくことにします。

Column ｜ **画面解像度あれこれ**

　画面解像度は「640x480」（横方向に 640 ドット、縦方向に 480 ドット）のように表現されます。自分が使用している PC の画面解像度を知るには、たとえば Windows 10 ならば、デスクトップで右クリックし「ディスプレイの設定」を選択することにより見ることができます。

　画面解像度「640x480」は古くは標準的な画面解像度として使用されました。これは、IBM PS/2 において VGA という規格で採用され、その後一般化

したものです。いまでも、たいていの PC やディスプレイ装置において表示可能な最も基本的な画面解像度であることから、PC が起動したときの最初の画面ではこの解像度で表示されることが一般的です。

　ディスプレイ装置が CRT（ブラウン管）だったころは、その表示原理からさまざまな画面解像度に対応可能だったのに対して、現在多く利用されている液晶ディスプレイにおいては、最適な解像度以外では表示が汚くなったり、小さく表示されたりしてしまいます。これは液晶パネル自体がドットの集まりで表示しているためです。PC 側と液晶パネル側の解像度が異なっていると、1 対 1 の対応が取れないため、汚く表示されてしまうわけです。

　いま PC で一般的な画面解像度を表 7-1 に示します。名前は通称で、規格等で定められた正式なものではありません。またアスペクト比とは、画面の縦横の比率のことです。一般的に 1 ドットの大きさは縦横同じですから、解像度の比率とアスペクト比は同じになります。アスペクト比が 16:9 の解像度はテレビ放送で使われており、テレビ用として大量に製造されています。このため入手も容易で価格も安くなることが期待できますので、最近は PC 用としてもよく利用されます。

表 7-1　主な画面解像度

名前	解像度	アスペクト比
VGA	640 x 480	4:3
SVGA	800 x 600	4:3
XGA	1024 x 768	4:3
WXGA	1280 x 800	16:10
SXGA	1280 x 1024	5:4
HD	1366 x 768	約 16:9
UXGA	1600 x 1200	4:3
FHD	1920 x 1080	16:9
WUXGA	1920 x 1200	16:10
WQXGA	2560 x 1600	16:10
4K	3840 x 2160	16:9
8K	7680 x 4320	16:9

⏻ VRAM と画面描画

　VRAM は画面表示用のメモリです。このメモリは CPU の実アドレス空間上に存在することもありますし、それとは別の場所、つまり CPU からメモリとして直接アクセスできない場所にあることもあります。

　実アドレス空間上に VRAM がある場合は、他のメモリと同じように CPU から（mov 命令等で）アクセスすることができます [*2]（図 7-3）。

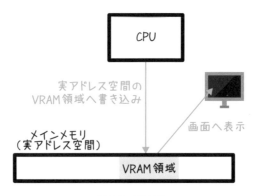

図 7-3　VRAM

　画面へ何らかの描画を行うためには、VRAM に対して書き込みを行います。一般的に VRAM は、先ほど見た BMP ファイルと同様に、原点の位置から、各ドットに表示される情報がずらっと並んでいます。

　原点とは、BMP ファイルや VRAM の先頭データの画面上での位置です。BMP ファイルでは左下が原点でした。VRAM では左下が原点の場合もありますし、左上が原点のこともあります。

　いま、BMP ファイルと同様に、左下が原点で、各ドットが 3 バイトの 24 ビットカラーとした場合の VRAM の様子を見てみます。ここでは BMP ファイルと同様に、各ドットの情報がメモリ上に連続して割り当てられているような場合を想定します（そうではなく青の画面用、緑の画面用、赤の画面用が別々の領域に確保されるような設計もあります。さらに違った方法もありますが、こ

[*2] 「CPU からアクセスすることができる」とは言っても、VRAM が存在しているのは実アドレス空間です。仮想アドレス空間ではありませんので、いまどきの OS 配下で動作しているプログラムから直接アクセスできるわけではありません。VRAM にアクセスできるのは、OS や OS と一体になって動作するデバイスドライバといったプログラムに限られます。

こでは省略します）。

　画面解像度は 1920x1080 とします。ここで、数学のグラフと同様に座標軸を考えます。画面は 2 次元ですから、x 軸（横軸）と y 軸（縦軸）の原点を画面の左下に置きます（図 7-4）。

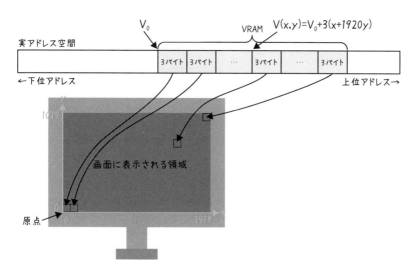

図 7-4　画面と座標軸と VRAM の関係

　画面解像度は 1920x1080 ですから、

　0 ≦ x < 1920

　0 ≦ y < 1080　（ただし、x と y は整数）

です。この x と y を使うと、画面上の任意の位置のドットを表すことができます。これを (x,y) と表します。

　また、ドット (x,y) の VRAM 上のアドレス V(x,y) は、以下の関数で表せます。

```
V(x,y)=V₀+3(x+1920y)
```

　ここで V_0 はアドレス空間上で VRAM の先頭アドレスです。この式の中にある 3 は各ドットが 3 バイト、1920 は画面解像度の横方向を意味しています。これをさらに一般化すると、以下のように書くこともできます。

```
V(x,y)=V_0+n(x+hy)

  V(x,y)  ：ドット(x,y)のVRAM上のアドレス
  V_0     ：VRAMの先頭アドレス
  n       ：各ドットのバイト数
  h       ：画面解像度の横方向のドット数
```

さて、ここまで準備したところで、画面に直線を描くことを考えてみます（図7-5）。

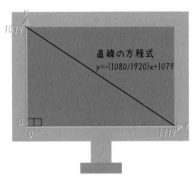

図 7-5　直線を描画

　直線の方程式は

```
y=ax+b
```

です。いま画面上の左上から右下にかけて直線を引きたいとします。

　このとき、a は傾き、b は切片ですから、

```
a=-1080/1920
b=1079
```

です。つまり、画面の左上から右下へ引いた直線の方程式は、

```
y=-(1080/1920)x+1079
```

となります。この式に x を

$$0 \leqq x < 1920$$

の範囲で順番に代入し、yを求めます。そうやって求まった(x,y)の組について、VRAM上のアドレスを求める関数、

$$V(x,y)=V_0+3(x+1920y)$$

でアドレスを計算します。最後に、VRAM上のそのアドレスの場所に値を書き込むと、画面上に直線が描画されます。

　いま見てきたのは直線を描く場合でしたが、円を描きたい場合なら円の方程式を使って、同様のことを行います。

ポイント
円の方程式は、
$$(x-a)^2+(y-b)^2=r^2$$
です。これを y について解くと、
$$y= \pm \sqrt{r^2-(x-a)^2}+b$$
となり、平方根の計算が必要になります。図形の種類によっては三角関数などもよく使います。
「実生活では中学・高校で習う数学など何の役にも立たない」と主張する人を見かけますが、単純な図形描画でも数学の知識は必要なのです。

　こうやって見てくると、単純な図形描画であっても、結構面倒な処理が必要なことがわかります。ここでは線を描く場合について見てきましたが、図形の中を塗りつぶすような描画の場合、さらに多くのアドレスに対して値を書き込む必要が出てきます。これには時間がかかります。

　また、画面上に表示されるのは図形だけではなく、文字もあります。どちらかと言えば、図形より文字表示のほうが基本的ですし重要と言えます。文字表示が遅いコンピュータは使い物にならない、と言っても過言ではありません。

　文字や図形を描画するためにCPUが多くの時間を割かれるのは望ましいことではありません。そこで、さまざまな手法が考えられてきました。そのあたりのことについて、次節では歴史を振り返りつつ、見ていくことにします。

7.2 画面表示の手法と歴史

🔵 画面に文字を表示する

　黎明期のコンピュータで、ユーザインターフェースをつかさどる装置としてよく利用されたものにテレタイプがありました。「ユーザインターフェースをつかさどる」と言うと大仰に聞こえますが、ここではキーボードからの入力と文字による出力のことを指しています。テレタイプは、文字を入力するキーボードと、活字によって印刷されるプリンタが一緒になったものです。もともとは、送信側の端末で入力した文字を通信回線を通じて送り、受信側の端末で印刷するというものでしたが、コンピュータが登場すると「コンピュータに接続できるタイプライター」（つまりコンピュータのユーザインターフェース）としても使われるようになりました。

　通常のタイプライターは、キーを打つとその力で活字が飛び出して、インクリボンを介して紙に打ち付け印字を行いますが、テレタイプはキー入力された文字は紙に印字されるいっぽう、接続されているコンピュータにも送られます。また、印字はキー入力されたものだけではなく、コンピュータから送られてきたデータも同様に印字されます。

　このテレタイプのプリンタ部分を CRT による画面に置き換えたものがキャラクタ端末です。文字だけを表示するディスプレイのことはキャラクタディスプレイと呼びます（文字のみならず図形や画像など、ドット単位で表示可能なディスプレイはビットマップディスプレイと呼びます）。

　テレタイプやキャラクタ端末によってコンピュータを操作する方法は、Linux（UNIX）や、Windows のコマンドプロンプト・PowerShell 上でコマンドを使うやり方に引き継がれ、現在でも普通に使われていて、これを CUI（Character User Interface）と呼びます。

　CUI では文字でコンピュータにコマンドを入力し、文字でコンピュータから結果を返してもらいます。そのため、画面上には文字だけを表示すればいいことになります[3]。

---

[3]　ちなみに文字だけで頑張って絵を描こうとする手法は古くから存在し、アスキーアートなどと呼ばれています (^_^)/

いま、以下のような画面表示を考えてみます。

- 表示は文字で、文字は英数字といくつかの記号のみ
- 画面解像度 640x480、2 色（白黒）
- 1 行 80 文字、24 行

ビットマップディスプレイの場合に VRAM として必要な容量を計算してみると、

640 × 480 × 1 ビット = 307,200 ビット = 38,400 バイト

となります。しかし、いまこの画面に表示するのは文字のみで、図形などの表示は必要としていません（キャラクタディスプレイ）。英数記号のみなら、1 文字は 1 バイトで表現可能です[*4]。

すると、必要な VRAM の容量は、

80 × 24 × 1 バイト = 1,920 バイト

となります。先ほどの 38,400 バイトと比較して、ぐっと減りました。文字しか表示しない、つまりビットマップディスプレイではなくキャラクタディスプレイにするという前提に立てば、必要な VRAM の量をかなり減らすことが可能になります。このような VRAM をテキスト VRAM と呼びます（図 7-6）。

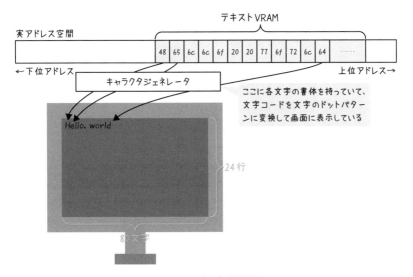

図 7-6　テキスト VRAM

[*4] 文字に文字コードという数値を割り当てて、文字コードによって文字を表すことが、コンピュータの世界では一般的です。

VRAM が小さいということは、処理の高速化の点でも有利です。特に CPU が低速であった時代においては、よく使われました。しかし、この方式には以下のような欠点もあります。

- あらかじめ決められた文字しか表示できない
- 文字の大きさが決まっている
- さまざまな書体や、文字に対する装飾等もできない

　たとえば日本では漢字の表示もしたいわけです。漢字は種類も多く、1 バイトの文字コードでは表現できません。最低でも 2 バイトは必要になります。1 バイト（8 ビット）では、

$$2^8 = 256$$

で最大 256 文字しか表現できません（ただし、文字コード表の中には使えない部分があるため、実際には 256 文字より少なくなります）。

　いっぽう、2 バイト（16 ビット）の場合は、

$$2^{16} = 65536$$

ですので、漢字を取り扱うことが可能になります（たとえば、2010 年に制定された常用漢字は 2136 字です）。

　ここで、2 バイト必要な漢字等の文字を、1 バイトで足りる英数字の倍の幅で表示することにより、双方の文字を混在させて表示する方法が考案されました。この名残はいまに至るまで残っています。いわゆる「半角」「全角」です。

　全角文字は文字コードが 2 バイトの文字で、字形が正方形に収まる文字のことを指し、半角文字は文字コードが 1 バイトで横幅が全角文字の半分の文字のことを指していました。こうすることによって、文字列の表示上の横幅と、それを表すデータのバイト数が比例するため処理が容易になる、という利点があったのです。

　ただし、この全角・半角の考え方は、各文字が等幅であることが普通であった当時には意味を持っていましたが、いまでは等幅ではないことも多くなり、あまり意味を持たなくなってしまいました。それでも半角・全角という言い方は、ご存じのとおり、いまなお普通に使われます。

　テキスト VRAM 自体も、コンピュータの性能向上に伴い、使われることはほぼなくなりました[5]。

---

[5]　漢字も扱えるテキスト VRAM は、過去に日本の PC で最も普及した PC-9800 シリーズ（PC98）で採用され、その終焉とともに終わりを告げました。PC98 では漢字 ROM と呼ばれ、漢字の字形を ROM の形で本体に内蔵していました（初期の PC98 では別売りでした）。

⏻ GPU

　ここでは図形などの、ドット単位の描画について再度見ていくことにします。先に見てきたように、画面上に図形などを描画するのはかなりたいへんな処理を行う必要があります。CPU がさまざまな計算を行って VRAM に書き込むことにより表示を行うとすると、そのために CPU の処理能力の多くを奪ってしまうことになります。

　そこで、描画の処理だけを別に行う回路を外付けして、CPU を画面表示の仕事から解放してあげる仕組みが考えられるようになりました。それらを一般にグラフィックコントローラと呼んでいます。グラフィックコントローラは、時代とともに高性能化し、一種の CPU と呼べるようになりました。これを GPU（Graphics Processing Unit）と呼びます。

　通常の CPU とは異なり、GPU には以下の機能が求められます。

- 定型的な演算を、一度に大量に処理
- 高速な浮動小数点演算

　コンピュータにおける画面は、たくさんのドットの集まりでした。たとえば、画面全体に対して、表示されているすべてのドットの明るさを、いま表示している明るさの半分にしたいとします。CPU でこれを実行しようとした場合、プログラムでは「VRAM の先頭アドレスから終了アドレスまで、各ドットの値を順番に 1/2 にする」という処理になるでしょうか。なんだかずいぶん時間がかかりそうです。こういう処理は並列に一気に処理してしまいたくなります。いまどきの CPU なら、第 3 章で説明した SIMD という仕組みによりある程度は並列に処理を行うことも可能ではありますが、限界があります。

　GPU は、この並列処理がたいへん得意です。GPU はコア数が CPU に比べて桁違いに多く、製品によっては数千個にのぼります。ただし、これらの多数のコアで同時に実行できるのは「似た処理を行う」のが前提です。いま例に出した処理は、すべてのドットについて値を 1/2 にする、というものでしたから、この「似た処理を行う」という条件に当てはまります。

　また、GPU では浮動小数点演算がたいへん重要です。たとえば図形を表す方程式には、割り算や平方根、三角関数などが当たり前に出てきます。これらを整数で演算してしまうと、小数点以下が消えてしまい、結果がおかしくなってしまうことがあります。画像の処理では浮動小数点演算を高速に行えること

も条件の1つになります。

さて、現在 PC 用として使われている GPU は、主に以下の3社の製品です。

NVIDIA ：ブランド名は GeForce
AMD 　　：ブランド名は Radeon
インテル ：Intel HD Graphics。単体の製品ではなく CPU 内蔵

単体の GPU である NVIDIA と AMD の製品の場合、通常、PC の拡張スロットに挿すビデオカードに搭載されます[*6]。

ビデオカードは、GPU と VRAM、ディスプレイ装置へ接続するためのコネクタ、その他必要となる回路を搭載した拡張ボードです（図 7-7）。

図 7-7　ビデオカード　写真提供：ASUS

いまでは、ゲームや 3D（3 次元）処理を行うような特別な場合を除けば CPU 内蔵 GPU でも十分な性能を持っていますので、画面表示の高性能化という面ではビデオカードの必要性は高くありません。しかし、GPU が最近別の目的で注目されています。

GPU は、大量の並列計算が得意です。これを画像処理のみならず、他の目的に利用できるようにした技術が GPGPU（General-purpose computing on GPU）で、AI のディープラーニングに利用する例が増えてきました[*7]。

[*6]　マザーボード上に GPU を搭載する場合もあります。これをオンボードグラフィックスと呼びます。インテルの CPU 内蔵 GPU を使用する場合もオンボードグラフィックスです。オンボードグラフィックスの場合、マザーボードの背面にディスプレイ装置へ接続するためのコネクタが存在します。

[*7]　ディープラーニング（深層学習）は、AI における学習の一種。大量の計算が必要となり、この計算に GPU が利用可能です。

7.3 GUIとプログラミング

⏻ GUI

いま PC で一般的なユーザインターフェースは GUI（Graphical User Interface）です。あまりにも当たり前ですが、これを実現するために、図形や画像が表示できるビットマップディスプレイが標準的に使われています[*8]。

GUI 自体は OS の機能として実現していますが、その裏ではビットマップディスプレイや GPU が活躍しています。GPU（やそれを搭載したビデオカード）には多くの種類があり、制御するためのコマンドや言語は異なります[*9]。

この違いは、OS と一体になって動作するデバイスドライバが吸収します。Windows 10 でのデバイスドライバの例が図 7-8 です。

図 7-8　GPU のデバイスドライバ

さて、GUI の歴史は案外古く、どこまでさかのぼるべきかは議論の余地がありますが、一般の人がなんとか買える（せいぜい百万円前後？）価格で発売されたアップルの初代 Macintosh が発売されたあたりから目にすることが多

[*8]　文字しか表示できないキャラクタディスプレイによる GUI（のようなもの）もあるにはあるのですが……あまり一般的ではないですね。

[*9]　ここで言う「言語」はもちろんプログラミング言語のことです。GPU ではプログラムが動作します。

くなったのではないでしょうか。いっぽう、いわゆる PC では、ビットマップディスプレイが一応搭載されていたとはいえ、文字ベースの DOS（PC DOS, MS-DOS）という OS が利用されていて、まだ GUI とは縁がありませんでした。

PC でも Windows が使えるようになり、GUI 全盛の時代になりました[*10]。

⏻ グラフィックスとプログラミング

画面上に何かを表示するときにどのようにプログラミングすればいいのでしょうか。最も低レベル（「ハードウェアに近い」という意味）では、VRAM に直接アクセスし各ドットの値を変更する、というものでした。しかし、これは GPU があることが前提となっている現在のコンピュータでは使えません。

そこで、グラフィックライブラリ、GUI ライブラリなどと呼ばれる機能を利用してプログラミングします[*11]。これらは通常、下位にある GPU やグラフィックコントローラ、VRAM などの構成がどうなっていても、同じ方法でプログラミングを可能にします（もちろん、ハードウェアによる限界がありますので、どんなハードウェアであっても、何でもできるわけではありません）。

これらのライブラリには多くの種類があり、適材適所で使用されます。第 1 章「1.1 スマホアプリの場合」で、Xcode を利用した iPhone アプリの開発について、簡単なプログラムを作成してみました。ここでは、画面設計では画面上に「部品」を配置していく、プログラムの枠組みは自動生成される、そしてプログラマはその枠組みにコードを追加すれば GUI アプリの完成、というたいへんお手軽なものでした。

しかし使うライブラリによっては、複雑なコードを書く必要があるものもあります。というか、逆に複雑なコードを書かなくてもいいように、ライブラリや開発環境が進化してきた、とも言えます。

いずれにしても、ライブラリには、多くの種類がありますので、本書ではそれぞれの解説はしません。必要になったときに、必要な解説書・ドキュメント等を参照してください。

[*10] 「Windows が使えるようになり」と表現したのには意味があります。最初の Macintosh が発売されたのが 1984 年、最初の Windows（バージョン 1.0）がリリースされたのが 1985 年で、最初のリリースだけを見れば、年代的にあまり差がありません。しかし、Windows 1.0 は（私も触ったことがありますが）とうてい使い物になるような GUI ではありませんでした。Windows がそれなりに使えるようになったのは、1992 〜 1993 年の Windows 3.1 のころから、または 1995 年の Windows 95 からでしょう。

[*11] ここでは「ライブラリ」と表現しましたが、現実には、その指し示すところの範囲や機能、その他マーケティング上の要求などによって、「ライブラリ」とは呼ばず、さまざまな呼び名が用いられます。

Chapter

8

外部記憶

　情報を記憶しておき、必要に応じて取り出して処理できるのが外部記憶です。本章では、その概要と歴史、外部記憶を利用するための方法としてのファイルシステムやデータベースの仕組みについて解説します。

8.1 外部記憶装置の種類

⏻ 外部記憶装置とは

「外部記憶装置」、ずいぶんカタい用語ですが、ファイルを記録しておく媒体（とそれを読み書きする装置）のことです。ストレージとも呼ばれます。よく見かけるものとしては、ハードディスクや SSD、USB メモリや SD カード、DVD や Blu-ray ディスクなどなどがあります。

外部記憶装置は、コンピュータの 5 大要素で言えば入力装置 + 出力装置です。記憶装置の一種とする説もあります。外部記憶装置の特徴の 1 つは「ファイルとしてデータを記録しておく[*1]」というところにあります。

そして、外部記憶装置の大きな特徴と言えるのが「電源を切っても（もしくは、電源が切れても）記録しているデータは失われない」というところにあります。主記憶装置（メインメモリ）が、電源が切れるとデータが失われてしまうのと対照的です。

外部記憶装置には、記録している媒体と、それを読み書きする装置が一体になっていて分離できないものと、媒体が取り外し可能なものがあります。取り外し可能(リムーバブル)な場合、それぞれを以下のように呼ぶのが一般的です。

メディア（リムーバブルメディア）：記録する媒体。SD カードや DVD
ドライブ（リムーバブルドライブ）：読み書きする装置

昔は、ドライブがたいへん高価で、メディアのほうが比較的安価だったこともあり、取り外し可能な装置が主流でした。いまでは取り外し不可能な装置の代表格であるハードディスクですら、昔は取り外し可能だったほどです。さらに、いまのように安価な高速データ通信ネットワークもなかったため、あるところで作成されたデータを、たとえば磁気テープなどに記録して、それを物理的に輸送し、別の場所で読んで利用する、ということもよく行われていました[*2]。

[*1] 実際には、必ずしもファイルという形で記録するとは限りません。たとえば音楽 CD は音楽をデジタルデータの形で記録していますが、ファイルという形は取っていません。昔あった磁気テープなどもそうです。

[*2] 昼間に発生したデータを夜間に磁気テープに書き込み、その夜間のうちに輸送し、別の場所で使う、などということもよくやっていました。いまなら、ネットワーク経由でデータを送ることが普通ですが。

⏻ シーケンシャルアクセス型の外部記憶装置

外部記憶装置は、コンピュータの進化とともに多くのものが考案され、そして消えていきました。最初期の外部記憶では、メディアとして紙を使うものがありました。テープ状の紙（紙テープ）やカード（パンチカード）に孔を開け、その孔の位置で情報を記録するものです[*3]。

紙を媒体として利用した場合の欠点はいくつかありますが、特に記録密度が低いことが挙げられます。記録密度とは、面積あたりの記録ビット数のことです。紙の場合、ある場所に孔を開けるかどうかで1ビットを表すことになりますから、1ビットあたり目視できる程度の面積が必要になります。

紙の次に主流になったのが磁気記録です。これはいまに至るまでたいへんよく使われている記録方式です。まず最初は磁気テープです。これは紙テープの記録方式を磁気記録にしたもの、と言えます[*4]。磁気テープにも、オープンリール式というテープだけを取り出すことができるタイプから、さまざまな形態のカセット式のものまで、多くの種類がありました[*5]。

磁気テープ装置の最大の特徴は、シーケンシャルアクセスしかできないことにあります。シーケンシャルアクセスの対義語はランダムアクセスです。

> **ポイント**
>
> シーケンシャルアクセスでは、記録したデータを読むときには、最初から順番に読むことしかできません。途中にあるデータを読みたい場合でも、該当のデータに到達するまで読み飛ばす必要があります。また、書き込む場合は、最初から書き込む（すでに書いてあるデータはすべて消える）か、すでに書き込んであるデータの後ろに追記するかのいずれかとなります。

[*3] 昔の映画やアニメで、コンピュータ（らしきもの）から吐き出される紙テープを人間が読み取っているシーンがあったような気がしますが、基本的には紙テープは機械が出力し、機械が読み取るものです。とはいえ、実際にそれなりのスピードで読み取れる能力（特殊技能）を持った人も、はるか昔には見たことがあります（ちなみに私はできません）。

[*4] これまた昔の映画やアニメで、コンピュータの象徴として描かれていたのが磁気テープ装置です。2個の目玉みたいなものがぐるぐる回っている、例のアレです。これはコンピュータ本体でも何でもないのですが、目立つので「コンピュータと言えばコレ」という感じで登場していたのでしょう。

[*5] 昔のホビー用コンピュータ（「マイコン」などとも呼ばれた、いまのパソコンの元祖にもあたるコンピュータ）では、外部記憶装置として、音楽用カセットテープレコーダーが使われたこともありました。

> **ポイント**
>
> ランダムアクセスでは、メディア内に何らかのアドレスが付けられており、そのアドレス指定で直接目的のデータを読むことができます。また、書き込む場合もアドレスを指定して、その場所にデータを書き込む（上書きする）ことが可能です。

磁気テープはシーケンシャルアクセスしかできないのですが、価格が安いという利点があるため、必ずしもランダムアクセスを必要としない、以下のような用途で使われてきました。

- データのバックアップ、保管
- データの受け渡し

しかし、磁気テープは手作業によるマウント（取り付け）・アンマウント（取り外し）を行う必要があり、多数のテープの管理等の問題も発生します[*6]。

最近ではハードディスク等の価格も下がってきていることから、磁気テープを使うケースは減っています。

磁気テープ以外の磁気記録可能なメディアは、基本的にランダムアクセスが可能です。主なメディアにはフロッピーディスクとハードディスクがありますが、フロッピーディスクはほぼ使われなくなりました[*7]。

磁気記録以外で現在使われているメディアには以下のようなものがあります。

光ディスク　　　　：CD-ROM/R/RW、DVD-ROM/R/RW、Blu-ray 等
フラッシュメモリ：SSD、USB メモリ、SD カード等

⏻ ハードディスク

ハードディスク（hard disk）、またはハードディスクドライブ（HDD）は、その名のとおり「固い円盤」で、フロッピーディスクと対比した呼び名で

[*6] 自動でマウント・アンマウントや保管を行うテープライブラリという装置もありますが、機械的な動作を伴うため故障が起こりやすいことが欠点でしょうか。

[*7] Windows で最初のハードディスクのドライブ名が C ドライブなのは、A と B がフロッピーディスクドライブ用だったころの名残です。いまは A や B をハードディスク用に使うことも可能ですが、使われているのをあまり見たことがありません。

す[*8]。

　ハードディスクは、密封された状態で通常内部を見ることができませんが、開けてみると図 8-1 のようになっています。

図 8-1　ハードディスクの内部

　複数の回転する円盤（プラッタ）が積み重なったようになっていて、そのプラッタ上をヘッドが動いて読み書きを行います。通常、プラッタの両面に書き込みができるようになっていますので、たとえばプラッタが 2 枚ならば、ヘッドは 4 個あります。

　この種のハードディスクは通常マザーボードに接続します。写真のハードディスクは、SATA インターフェースを持っていますので、それを使ってマザーボードに SATA ケーブルで接続します[*9]。

[*8]　正確には「ハードディスク」はメディア、「ハードディスクドライブ」はドライブを指す名称なのでしょうが、いま存在するハードディスクではメディアの取り出しができませんので、どちらの用語も同じような意味で使われています。ここではハードディスクで統一しておきます。

[*9]　SATA については第 5 章で簡単に説明しました。そのとき例示したマザーボードには 6 個の SATA インターフェースがありました（表 5-2 の⑧、P.114）。

SATA は現在 PC でハードディスクを接続する最も一般的なインターフェースです。ほかには SAS（Serial Attached SCSI）という規格のハードディスクもありますが、サーバ向けで一般の PC にはまず使われません。

ハードディスクへの読み書きは、セクタという単位で行います。ハードディスクにおけるセクタのサイズは従来 512 バイトでしたが、最近は 4,096 バイトの製品も出回っています。どのセクタにアクセスするか、つまりセクタのアドレスは、従来は CHS（シリンダ / ヘッド / セクタ）番号で指定していました（図8-2）。しかし、この指定方法はハードディスクの作り（プラッタの枚数、トラック数、セクタ数）に依存しますし、また大容量化に対応できないため、いまはほとんど使われなくなり、かわりに LBA（Logical Block Addressing）を使用するようになりました。LBA は「最初から何番目のセクタか」を表す数値で、大容量にも対応しています。

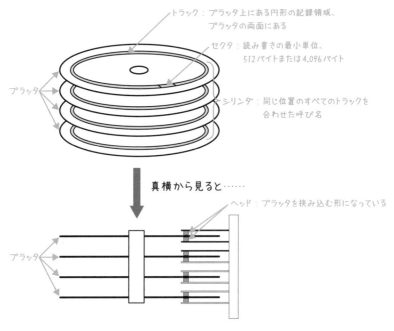

図 8-2　シリンダ / ヘッド / セクタ（C/H/S）

⏻ RAID

ハードディスクには可動部分が存在します。プラッタは回転しますし、ヘッドはせわしなく行き来します。このとき、ヘッドはプラッタと接触しているわけではなく、わずかに浮き上がった状態になっていますが、何らかの衝撃でヘッドがプラッタに衝突すれば、プラッタに傷がついてしまうかも知れません。

いずれにしても、可動部分のある装置は寿命が短い傾向にあります。ハードディスクが故障してしまうと、そこに記録していたデータは読み出しできなくなってしまいます。コンピュータの稼働中に読み書き不可能に陥ると、コンピュータ自体が停止してしまう可能性もあります。

そこで、耐故障性を向上させるために考案されたのが RAID[*10] という仕組みです。この仕組みは、複数のハードディスクを使用しデータに冗長性を持たせる形で書き込みを行い、いくつかのディスクが故障しても読み書きができなくなることを防ぎます。

RAID にはいくつかのレベルがあります。よく使われているレベルには以下のものがあります（図 8-3）。

- ### RAID 1
  ミラーリングとも呼ばれ、2 台のディスクを用意し、書き込み時には同時に両方のディスクに書き込むことにより冗長性を確保します。読み込み時には、いずれかのディスクから読み込みます。2 台のうち 1 台が故障しても、データは失われません。

- ### RAID 5
  3 台以上のディスクを用意します。書き込むデータを適当な長さに分割し（ストライプサイズ）、それぞれを図 8-3 の①②③……のように順番に書き込みます。ここで P はパリティと呼ばれているデータで、図 8-3 で言えば、①②のうちいずれかのデータが故障等により失われた場合、残りのデータとパリティから失われたデータを復元します。この仕組みにより、RAID 5 を構成しているディスク群のうち 1 台が故障しても、データが失われることがありません（2 台以上の故障には対処できません）。

  また、データを複数のディスクに分割・分散して書き込むため、書き込み速度が向上する、という利点もあります。

[*10] RAID は Redundant Arrays of Independent Disks の略だとも、Redundant Arrays of Inexpensive Disks の略だとも言われます。

- **RAID 6**

  4 台以上のディスクを用意します。RAID 5 と考え方はほぼ同じですが、図 8-3 にあるように、パリティが P と Q の 2 つになっています。P と Q は別の計算式により求めます。これにより、RAID 6 を構成しているディスク群のうち、2 台までの故障には対応できます。

なお、以下のレベルは厳密には RAID、つまり冗長（redundant）ではありませんが、RAID のレベルの一種に数えられています。

- **RAID 0**

  2 台以上のディスクを用意し、RAID 5 と同様に複数のディスクに分散して書き込みます。ただしパリティがないため、構成しているディスク群のうち 1 台でも故障してしまうと、データが失われてしまいます。ストライピングと呼ばれ、書き込み速度の向上を目的とします。

RAID のレベルは複数組み合わせることができます。よく利用されるのは以下のものです。

- **RAID 0+1**

  RAID 0 でストライピングした上で、さらに RAID 1 でミラーリングするものです。

- **RAID 1+0**

  RAID 1 でミラーリングした上で、さらに RAID 0 でストライピングするものです。

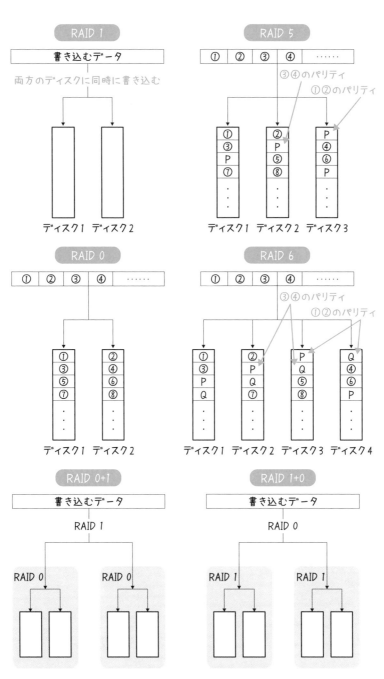

図 8-3　RAID のレベルと機能

それぞれの RAID レベルは利点と欠点があり、場合に応じて最適なものを採用します。

> **注意**
>
> 特に注意が必要なのは RAID 5 です。説明だけを聞くと RAID 5 は書き込みは速いし、耐障害性もあり、理想の RAID のように思えます。しかし、きちんと管理ができている環境でないと、知らないうちにディスクが 1 台壊れていて、それに気付かずに運用を継続、2 台目が壊れたときになって、読み書き不可で発覚、などということもあります。
>
> また、ディスクは無事だったけれど、RAID コントローラが壊れた、という場合、同じ RAID コントローラが入手できて交換できればいいですが、時間が経つと入手不可能になってしまっていることもあります。すると、読み出しにたいへん苦労するはめになります。

RAID の機能は、ハードウェアによって実現することも可能ですし、ソフトウェア（OS）でも可能です。ハードウェアの場合は RAID コントローラを搭載したボードを拡張スロットに挿したり、そもそもマザーボード自体に RAID 機能を持っている場合もあります。

いっぽう、OS に RAID 機能を持っている場合は、それを使うこともできます。いまでは、Linux でも Windows でもこの機能がありますので、それを使って RAID を利用することができます[11]。

⏻ SSD

SSD（Solid State Drive）は、フラッシュメモリを使用した外部記憶装置です。フラッシュメモリは、電源を切っても記録内容が消えないという特徴があり、ハードディスクのかわりとして使用されるようになってきました。SSD の特徴を挙げると以下のようになります。

- 消費電力・発熱が小さい
- 高速である
- 可動部分がなく、急に故障する可能性が低い
- 容量あたりの単価はハードディスクより高い
- 書き込み回数に制限があり、ハードディスクより寿命が短くなる場合がある

---

[11] ただし、Windows 10 等の一般向け（デスクトップ用）Windows では、いまのところ機能が限られています。

SSD には SATA インターフェースを持ち、ハードディスクと同じ形状をした製品があります。これは、ハードディスクの入っている場所にそのまま置き換えて使用が可能です。それ以外にも、マザーボードの拡張スロットに挿すタイプや、SSD 専用の M.2 インターフェースに挿すタイプも増えてきました。

　なお、USB メモリや SD カードもフラッシュメモリを使用しており、SSD やハードディスクと同様にファイルの保管に利用できますが、これらは通常 SSD とは呼びません。

8.2 ファイルシステム

ファイルシステムとは

前節では、ハードディスクへの読み書きがセクタと呼ばれる単位で行われる、という話をしました。そしてセクタには CHS や LBA というアドレスが付いていて、それによってどのセクタであるかを指定するのでした。

しかし、皆さんがハードディスクにデータを保管する場合、セクタも LBA も意識していないと思います。それは、OS がハードディスク（に限らず外部記憶装置一般）の生の構造を隠蔽して、その上にファイルという名のデータの入れ物を扱うことができるような仕組みを用意しているからなのです。この仕組みをファイルシステムと呼んでいます（図 8-4）。

ファイルシステムは OS の機能の一部ですから、OS によって使われるファイルシステムは異なっています。

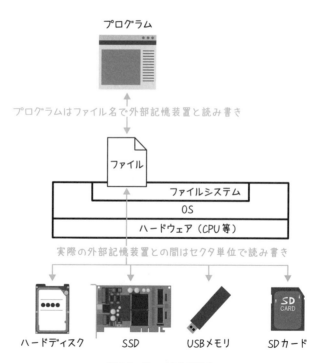

図 8-4　ファイルシステム

⏻ パーティション

ファイルシステムの話に入る前に、ここでディスクパーティションについて解説しておきます。ハードディスクは、区画を区切って、それぞれを別のディスクのように扱うことができます。これをディスクパーティション（単に「パーティション」とも）と呼びます。たとえば1台のハードディスクを3つのパーティションに区切って、それぞれ別のドライブ、たとえば Windows なら C ドライブ、D ドライブ、E ドライブのようにすることができます[*12]。

PC の場合、パーティションには2種類の方式があります。

- **MBR（Master Boot Record）**

  古の IBM PC 以来、長年にわたって利用されてきた方式。MBR は、ディスクの最初のセクタ（LBA 0）に位置し、PC の起動時に最初に動くプログラム（ブートストラップローダ）が格納されています。

  MBR にはブートストラップローダのほかに、パーティションテーブルと呼ばれる領域があり、ここにパーティションの情報が登録されます。このパーティションテーブルには4個のエントリがあり、つまり最大4個のパーティションを作成する（「パーティションを切る」とも表現されます）ことができます[*13]。

  2TB（テラバイト）を超えるハードディスクには対応できません。

- **GPT（GUID Partition Table）**

  新しいパーティションの方式。LBA 1 以降にパーティションテーブルが作成されます。Windows の場合、最大 128 パーティションまで作成可能です。

  2TB を超えるハードディスクでも利用可能です。

パーティションの操作と確認は、Windows の場合「ディスクの管理」で行います。Windows 10 の場合、スタートメニューを右クリックして「ディスクの管理」を選びます（図 8-5）。いま、この画面では、物理的なディスクが2台（「ディスク 0」と「ディスク 1」）接続されていることがわかります。そしてそれぞれのディスクのパーティションが表示されます。

[*12] ドライブ文字は、C、D、E のように順番に割り当てる必要はなく、別の文字でも構いません。

[*13] 正確にはもっと多くのパーティションを作成することが可能です。4個というのは MBR から見たパーティション（基本パーティション）で、そのうち1個（拡張パーティション）については、その中にまたパーティション（論理パーティション）を作成することができます。

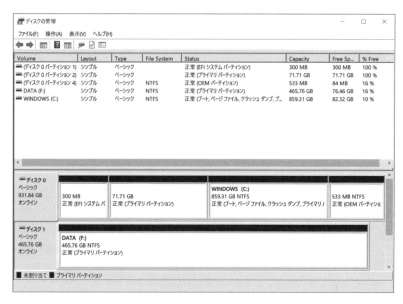

図 8-5　ディスクの管理

パーティションが MBR と GPT のいずれの方式であるかは、ディスクの部分を右クリックして「プロパティ」→「ボリューム」タブを開くと以下のいずれかの表示が出ます。

　パーティションのスタイル : マスターブートレコード（MBR）

　パーティションのスタイル : GUID パーティションテーブル（GPT）

⏻ Linux のファイルシステム

Linux では ext4 や XFS というファイルシステムがよく使われます。過去には ext2 や ext3 という、ext4 の祖先にあたるファイルシステムもよく使われました。

Linux のファイルシステムは、UNIX 系の OS のファイルシステムの特徴をほぼ踏襲しています。たとえば、以下のような点です。

- **ルートディレクトリ（/）を頂点とした木構造**

  ルートディレクトリは OS で 1 つしかない。Windows のようにドライブごとにルートディレクトリがあるのとは異なる。

- **すべてのファイル・ディレクトリは inode に登録**

  inode は、ディスク上に存在するテーブル。ファイルシステム全体がルートディレクトリを頂点とした木構造であるいっぽう、inode にも登録される、という構造になっている。

- **マウントという操作によってパーティション等を接続**

  複数のパーティションやドライブは、木構造のどこかに接続される（マウント）。たとえば、フロッピーディスクは /mnt/fd などのディレクトリにマウントされる。Windows のようにドライブ文字でパーティション・ドライブを指定するのではない。

リスト 8-1 を見ながら補足説明しておきます。これは Linux のバージョンがちょっと古いですが、考え方は変わっていません。

リスト 8-1 ：Linux のファイルシステム

```
$ ls -l /    ─①
合計 152
drwxr-xr-x   2 root root  4096 10月  3  2010 bin
drwxr-xr-x   3 root root  4096  2月 14  2010 boot
drwxr-xr-x   9 root root  4160 10月 13 09:33 dev
drwxr-xr-x 108 root root 12288 11月  3 04:02 etc
drwxr-xr-x   7 root root  4096 12月 25  2010 home
    ：（中略）
drwxr-xr-x  27 root root  4096 10月  2  2010 var
$ ls -l /bin    ─②
合計 7440
-rwxr-xr-x 1 root root   6276  1月 21  2009 alsacard
-rwxr-xr-x 1 root root  18784  1月 21  2009 alsaunmute
```

```
-rwxr-xr-x 1 root root      4988   1月 20   2010 arch
lrwxrwxrwx 1 root root         4   8月 16   2009 awk -> gawk
-rwxr-xr-x 1 root root     18484  10月 27   2009 basename
-rwxr-xr-x 1 root root    735004   1月 22   2009 bash
-rwxr-xr-x 1 root root     23132  10月 27   2009 cat
   ： (後略)
[lepton@aserver /]$ ls -li /bin  ──③
合計 7440
491549 -rwxr-xr-x 1 root root      6276   1月 21   2009 alsacard
491563 -rwxr-xr-x 1 root root     18784   1月 21   2009 alsaunmute
491554 -rwxr-xr-x 1 root root      4988   1月 20   2010 arch
491526 lrwxrwxrwx 1 root root         4   8月 16   2009 awk -> gawk
491585 -rwxr-xr-x 1 root root     18484  10月 27   2009 basename
491574 -rwxr-xr-x 1 root root    735004   1月 22   2009 bash
491578 -rwxr-xr-x 1 root root     23132  10月 27   2009 cat
   ： (後略)
[lepton@aserver /]$ df  ──④
Filesystem    1K-ブロック       使用      使用可 使用% マウント位置
/dev/md0       8123064     3967880    3735896  52%  /
/dev/md2       2030672      257336    1668520  14%  /var  ──⑤
/dev/md1       4956224     2942272    1758124  63%  /home
tmpfs           257664           0     257664   0%  /dev/shm
```

　①はルートディレクトリ（/）の直下にあるファイル・ディレクトリの一覧を表示したところです。行頭にある "d" はディレクトリという意味で（ファイルの場合は "-" となります）、ルートディレクトリの直下には普通はディレクトリしかありません。ちなみにディレクトリは（Windows ではフォルダとも呼ばれていますが）これも一種のファイルです。中身は、そのディレクトリの直下にあるファイルやディレクトリの一覧を持ったテーブルです。ls コマンドは、このディレクトリの内容を表示するコマンドです。

　②では、/bin ディレクトリの内容を表示しています。/bin は、ルートディレクトリ（/）の直下にある bin ディレクトリという意味です。

　Linux のファイルシステムでは、すべてのファイル（ディレクトリも含む、以下同様）は inode というテーブルに登録されています。そしてすべてのファイルには i ナンバー[*14] という番号が付いており、この番号によってファイルが特定されます。

　その i ナンバーを表示してみたのが③です。行頭にある数字が i ナンバーで

---

*14 「i ナンバー」は「i 番号」「inode 番号」などとも呼ばれています。

す。ディレクトリには、その直下にあるファイルについて、ファイル名とiナンバーの対応関係が記述されています。ファイルの属性、たとえばファイルの長さ、所有者、パーミッション、タイムスタンプなどは、ディレクトリではなく inode に記録されます。

　④は、ファイルシステムのマウント状況を表示したものです。たとえば⑤は、/dev/md2（パーティション）が /var ディレクトリにマウントされていることを表しています。

　OS の起動時に、どのパーティションをどのディレクトリにマウントするかは、/etc/fstab というファイルに記述します。

● Windows のファイルシステム

　Windows のファイルシステムは、Linux とは異なり、基本的にパーティションごとにルートディレクトリが存在する形態になります。そして、それぞれのパーティションをドライブと呼び、ドライブ文字によって識別します。この考え方は DOS（MS-DOS）[15] で導入され、それが Windows に継承されたものです。

　DOS は、のちに FAT と呼ばれるファイルシステムを使用していました[16]。オリジナルの FAT ファイルシステムでは、ファイル名が 8.3 形式に制限されていました。これは「最大 8 文字、ピリオド、最大 3 文字」という形式です。後ろの 3 文字は拡張子と呼ばれ、ファイルの形式を表すのに使われるのが一般的ですから、本来の意味でのファイル名は 8 文字（漢字のように文字コードが 2 バイト必要な場合は 4 文字）しかありませんでした。

　FAT ファイルシステムでより長いファイル名を使えるようにした拡張機能が VFAT です。VFAT では 255 文字までのファイル名が許容されます。現在の Windows のように長い名前のファイル名が使えるようになったのは、この VFAT 以降ということになります。

　FAT の特徴を挙げると、以下のようになります。

---

[15] DOS（Disk Operating System）は、Windows が一般化する前に PC で一般的に使われていた OS です。マイクロソフトが提供する MS-DOS のほか、IBM が提供する PC DOS や IBM DOS と呼ばれるものがありました。

[16] FAT（File Allocation Table）はもともと、DOS における、ディスクの管理用テーブルの名前でした。それがファイルシステムの名前に流用されました。

- もともとはフロッピーディスク用のファイルシステム。このため、大容量のハードディスクには不向き。
- 単純な構造のため、実装が容易。このため、DOS や Windows 以外にも、デジタルカメラや携帯電話等でも広く利用されている。
- タイムスタンプ（ファイルの日時）にタイムゾーンの考え方がないため、時差のある国や地域をまたいだ場合に問題が生じる。
- 堅牢性の点で劣っている。ディスクへの書き込みの最中に電源が切れたり、メディアを強制的に取り出したりした場合、ディスクへの書き込みが中途半端になり、内容に不整合が発生し、最悪の場合、修復不能となる。
- セキュリティ機能を持っていない。アクセス権によってファイルやディレクトリごとに、アクセスできるユーザを制限したり、不正な手段での読み取りができないように暗号化を行ったりする機能が備わっていない。

このような特徴のため、現在ではハードディスクにおいては FAT はほぼ使われなくなりました。現在 FAT の活躍の場所はリムーバブルメディアである USB メモリや SD カードです。たとえば SD カードをフォーマットしようとしたときの例を図 8-6 に示します。「ファイルシステム」のところで、どんなファイルシステムを使うかを選べます。図では「FAT32（既定）」が選ばれていますが、これが「既定」（英語で言うデフォルト、default ですね）になっています。

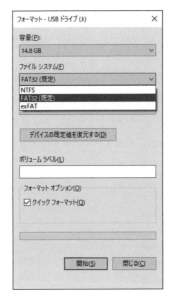

図 8-6　SD カードのフォーマット

FAT には FAT12、FAT16、FAT32、exFAT の 4 種類があり[*17]、それぞれ利用可能なディスクの最大サイズが決まっています。いまは FAT32（32GB までのディスク・メモリの場合）か exFAT（32GB を超える場合）がよく使われています。

FAT に代わるファイルシステムが NTFS（NT File System）です。図 8-6 にも選択肢としてあります。NTFS は FAT の欠点を克服し、新しい時代のファイルシステムとしてマイクロソフトが Windows NT とその後継 OS のために開発したものです。基本的には Windows のためのファイルシステムで、その他の OS ではあまり使われていません。そのため、SD カードのように他の OS や機器で利用する可能性があるリムーバブルメディアでは、NTFS は一般的ではありません。

NTFS は数多くの機能を持っています。図 8-7 はその 1 つ、セキュリティ機能です。エクスプローラーからファイルのプロパティを開くと、そのファイルが NTFS のドライブ上にあった場合、「セキュリティ」タブが表示されます（FAT の場合は表示されません）。ここで、ユーザや（ユーザが属している）グループに対して、どんな操作が行えるか（アクセス権）の設定を行うことができます。たいていの場合は、そのファイルのあるフォルダ（ディレクトリ）からアクセス権を引き継ぎますので、ファイルを作るたびに自分で設定する必要はありませんが、特に指定したい場合はここで設定します。

FAT に比べて多くの利点があるため、Windows のハードディスクや SSD は NTFS を使用するのが一般的になりました。

[*17] 前述した VFAT も FAT の種類のように思えますが、これは FAT で長いファイル名を利用可能にする仕組みのことなので、この 4 種類には含まれません。なお、読み書きする OS が VFAT に対応していれば、これら 4 種類のいずれでも VFAT は利用可能です。

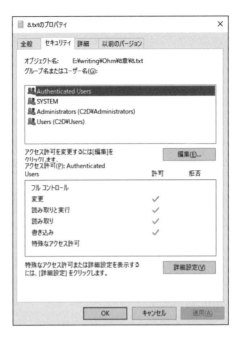

図 8-7　NTFS のセキュリティ

⏻ ファイルシステム まとめ

　ここまで Linux と Windows のファイルシステムについて見てきました。他の OS としては、macOS や iOS 等のアップル製品では APFS（Apple File System）が現在使用されています。

　このように、OS ごとに通常使われるファイルシステムは決まっているのですが、ある OS 用のファイルシステムを別の OS では使用できない、というわけではありません。何らかの制限がある場合もありますが、可能なことも多いものです。たとえば、Windows 用のファイルシステムである FAT（FAT32、exFAT）は USB メモリや SD カードなどに広く使われています。これらをLinux や macOS で読み書きすることは普通にできます（USB メモリや SD カードは、データのやり取りに OS を越えて使用されますから、当然のことと言えます）。

　ほかにも、NTFS を Linux や macOS から参照したり、ext4 を Windowsから参照したりすることも可能です。

なお、ここまでに出てきたファイルシステムについて表 8-1 にまとめておきました。

表 8-1　主なファイルシステム

名称	主に使われる OS	最大ファイルサイズ（注 1）	最大ファイル名長（注 2）
FAT12	DOS, Windows	32MB	8.3 形式（注 3）
FAT16	DOS, Windows	4GB	8.3 形式（注 3）
FAT32	Windows	4GB	8.3 形式（注 3）
exFAT	Windows（注 4）	16EB（注 5）	255 文字
NTFS	Windows	16TB 以上（注 6）	255 文字
ext4	Linux	16TB	255 文字
XFS	Linux	8EB	255 文字
APFS	macOS, iOS	8EB	255 文字

（注 1）1 ファイルに格納できる最大バイト数
（注 2）ファイル名の最大の長さ
（注 3）VFAT が利用可能な OS では 255 文字
（注 4）exFAT は主にデジタルカメラ等で大容量フラッシュメモリが必要な用途で使用されている
（注 5）EB：エクサバイト（2^{60} バイト）
（注 6）Windows のバージョンにより最大値が異なっている

ファイル共有と NAS

　ここまで見てきたファイルシステムは、すべてコンピュータに直接接続されたディスク等のストレージに対するものでした。それに対して、ネットワークを介してストレージにアクセスするためのファイルシステムもあります。この、ネットワークを介したストレージへのアクセスをファイル共有と呼びます。

　UNIX 系の OS では、古くから NFS（Network File System）[*18] が使われてきました。Windows の世界では、SMB（Server Message Block）が使われます。いずれも、ネットワーク上の他のコンピュータにあるディレクトリを、利用するコンピュータ（クライアント）が接続して利用します（図 8-8）。ここでサーバ側は、共有したいフォルダに名前を付けて公開します。Windows（SMB）

---

*18 NFS はファイルシステムの名前であり、またプロトコルの名前でもあります。

の場合、方法は大きく2種類あります。

- **エクスプローラーから行う方法**

    Windows 10の場合、エクスプローラーで共有したいフォルダのプロパティ
    を表示します。次に「共有」タブを選択し、「共有」または「詳細な共有」ボ
    タンを押します。「詳細な共有」ボタンを押した場合の例が**図8-9**です。ここで、
    共有名と、どのようなアクセスを許可するかを「アクセス許可」ボタンを押
    して設定します。

    なお、共有するフォルダの名前と共有名は異なっていても構いません。いま
    の例では、フォルダ名がshareで、共有名はshare1としました。

- **コマンドで行う方法**

    net shareコマンドで共有を行うことができます。コマンドプロンプトで、
    以下のようなコマンドを実行します。

```
net share share1=d:¥share
```

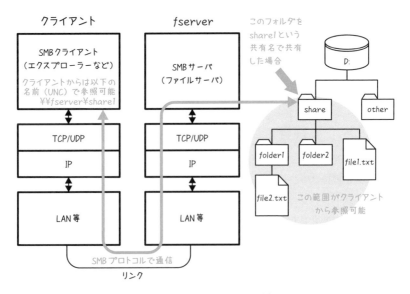

図8-8　SMBによるファイル共有

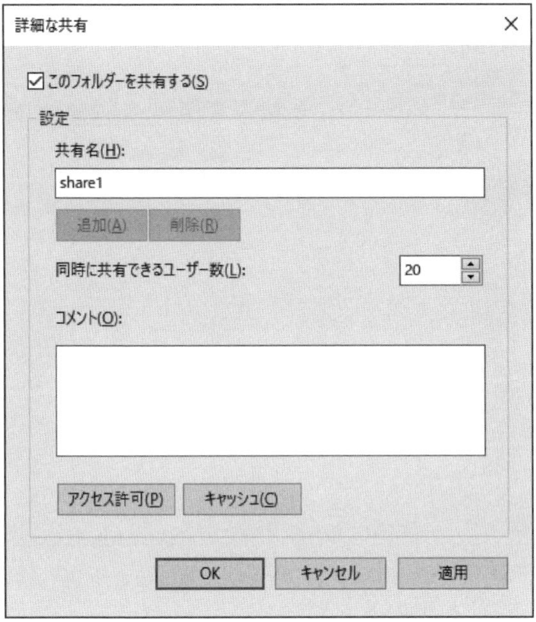

図 8-9　エクスプローラーから共有設定

　このようにして共有を行ったフォルダは、クライアントから読み書きできるようになります。たとえばエクスプローラーのアドレスバーの部分に「¥¥fserver¥share1」と入力することにより参照することが可能です（図8-10）。この ¥¥ から始まる書式を UNC（Universal Naming Convention または Uniform Naming Convention）と呼び、SMB で共有先を参照する場合に使われます。UNC は一般的には「¥¥ コンピュータ名 ¥ 共有名」または「¥¥ コンピュータ名 ¥ 共有名 ¥ パス名」のように指定します。ここでコンピュータ名には、Windows のコンピュータ名のほかに、ホスト名や IP アドレスを指定可能です。またパス名は指定しなくても構いませんが、共有名の下のフォルダやファイルを直接指定したい場合には記述します。

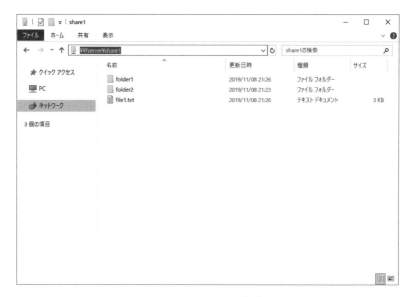

図 8-10　ファイルサーバの参照

　このように共有名によって、自分自身の（ローカルな）フォルダを公開（＝多くのクライアントで共有）しているコンピュータをファイルサーバと呼びます。ファイルサーバは同時に多くのクライアントからのファイル読み書きを可能にしています。

　世間には、ファイルサーバに特化した装置があります。これも一種のコンピュータではあるのですが、このような装置を NAS（Network Attached Storage）と呼んでいます。SATA や USB のようなコンピュータ直結のインターフェースを使うのではなく、ネットワーク（LAN）に接続するストレージという意味合いです。

　NAS はコンピュータですが、一般的にディスプレイもキーボードもマウスも持たず、NAS に特化した OS（Linux）などを使用し、多くの場合 RAID に対応しています。ファイル共有のプロトコルとしては SMB や NFS が使えます。NAS には家庭用・小規模オフィス用から、大規模なデータセンターで使われるものまで、さまざまな製品が存在します。

8.3 データベース

⏻ リレーショナルデータベースと SQL

　前節では、ストレージにデータを格納する入れ物としてファイルがあり、それはファイルシステムがプログラムに対して見せている仮想的なものであることを説明しました。ファイルは、中身については規定していません。いっぽう、データベースというものがあります。データベースもストレージにデータを格納するのですが、決まった形式で、それに適合するようなデータのみを格納します。このようにして格納されたデータ全体をデータベース、それを処理するソフトウェアを DBMS（DataBase Management System、データベース管理システム）と呼びます（図 8-11）。

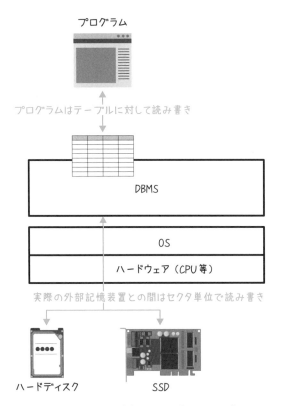

図 8-11　DBMS（データベース管理システム）

データベースにはさまざまな種類がありますが、現在、最も広く使われているのが RDB（Relational DataBase）です。RDB では、データを縦横の表（テーブル）の形で表現します。表はコンピュータ内に限らず、実生活上でもよく見られ、人間から見てもたいへんわかりやすい形式です。

　RDB では、データベースに対する読み書きや操作を SQL という言語を使って行います。SQL はプログラミング言語ではありますが、一般的にイメージされるプログラミング言語とは大きく異なっています。いま実用的に使われているプログラミング言語の大半は手続き型言語と呼ばれています（Java などのオブジェクト指向プログラミング言語でさえ、その多くは手続き型言語の範疇にあります）。手続き型言語の特徴を簡単に言えば、「どのように」を記述する言語であると言えるでしょう。たとえば、ファイルに入っているデータから目的の行を抜き出す処理をしたいとすると、手続き型言語ならば、

- ファイルを開く
- ファイルから 1 行読む
- 条件に合致したら、その行を出力する
- それをファイルの終わりまで繰り返す
- ファイルを閉じる

という手順を記述することになります。

　いっぽう、SQL は代表的な非手続き型言語です。SQL では「どのように」ではなく「何を」のみを記述します。このように書くと、SQL は簡単だと思われるかも知れません。確かに簡単な面もあります。しかし、特に手続き型言語のプログラミングに慣れ親しんだ人にとっては、その手続き型言語の発想が逆に邪魔をして、SQL 的な発想が難しくなってしまうことがよくあります。

　さて、「RDB はテーブル（表）に対する読み書きを行う」と表現すると、「表計算ソフトとどう違うんだ」と思われるかも知れません。確かに似ている面もないわけではありません。表計算ソフトは、性能が低かった過去の PC 等で、縦横の表の作成、簡単な計算を行うソフトウェアとして登場し、その後、多くの機能を取り込んで現在に至っています。それに対して RDB は、数学の集合論をベースにしたリレーショナルモデルに基づいて考案されたデータベースです。これらを比較した表を載せておきます（表 8-2）。

表 8-2　表計算ソフトとデータベース

	表計算ソフト	RDB
表の形	それぞれの表（シート）は、横 256 列、縦 1048576 行などのように、決まった大きさを持つ	それぞれの表（テーブル）は、そのテーブルを作るときに決めた横方向の列数を持つ。縦方向の行数は決まっていない
値	各ます目（セル）には、どんな値も入れることができる。式を入れることも可能	各ます目は、列ごとに値の意味と種類が決まっている。式を入れることはできない
列名	多くの表計算ソフトでは、左から A、B、C、……のようになっていて、特に意味を持った名前はない	テーブルを作るときに、各列に意味のある名前を付ける
表の作成	表計算ソフトで新しいシートを作成する	SQL の CREATE TABLE 文を使用する
表の参照	そのシートを表計算ソフトで開く	SQL の SELECT 文を使用する
表の更新	更新したいセルを選択し、値を入力する	SQL の UPDATE 文を使用する
式	セルに式を入れることにより、計算を行うことができる	表自体に式を入れることはできない。SELECT 文を利用する

⏻ SELECT 文

　ここで、SQL 文について簡単に見ていくことにします。いま俎上に載せるのは、表 8-3、表 8-4 の 2 つのテーブルです。とりあえずこの 2 つのテーブルはすでにあるものと思ってください。作り方は後述します。

　表 8-3 は point_master というテーブルです。何やら地名と、その地名にコードが振られています[19]。このように基礎情報が記録されたテーブルのことを、一般にマスタ（マスタテーブル）と呼びます。マスタはデータが常時蓄積・更新されていくようなテーブルではなく、必要な場合（たとえば表 8-3 ならば、地名が変更になった、新たな地名が追加になった）にのみ更新が発生します。

　次に表 8-4 ですが、年ごとの各地点（point）における平均気温（temp）、平均降水量（rain）、雷日数(thndr)を表にしたものになります。このようにデータが蓄積されていくようなテーブルをトランザクションテーブルと呼びます。

---

[19] 聞き慣れない地名があるかと思いますが、"Hateruma" は日本最南端の有人島である波照間島のことです。また、"Showa" は南極の昭和基地です。

表 8-3　テーブル point_master

point_code	point_name
1	Wakkanai
2	Tokyo
3	Osaka
4	Hateruma
5	Showa

表 8-4　テーブル weather_data

year	point	temp	rain	thndr
2001	1	6.0	1038.5	9
2001	2	16.5	1491.0	12
2001	3	17.1	1041.5	8
2001	4	24.4	1475.0	NULL
2001	5	-11.2	NULL	0
2002	1	7.0	1194.5	6
2002	2	16.7	1294.5	17
2002	3	17.3	954.0	15
2002	4	24.3	1577.0	NULL
2002	5	-9.5	NULL	0
：（長いので中略）				
2010	1	7.5	1312.5	11
2010	2	16.9	1679.5	11
2010	3	17.3	1568.0	14
2010	4	24.4	1894.0	NULL
2010	5	-11.5	NULL	0

　「どうして、point_master と weather_data の 2 つのテーブルになってる
の？ 表 8-4 の point 列に地名を直接入れれば、テーブルは 1 つで済むんじゃ
ない？」

　確かに、そのようなテーブルの設計もあり得ます。表 8-5 のようなテーブ

ルです。ただ、たとえば地名が何らかの理由で変わったとします。すると、表8-5 のようなテーブルの場合、point_name 列の該当するすべてについて、地名の変更をしていかないといけません。たとえば、いま "Showa" となっている昭和基地を "Showa-kichi" に変更したい場合、表8-5 の場合すべての年について変更が必要になります。

しかも、表8-5 のようなテーブルの場合、表記のゆれの問題も出てきます。ある年は "Showa-kichi"、また別の年は "Showa-kiti"、さらに別の年は "Shouwa-kichi" のように入力されてしまうかも知れません。

表8-3 のように地点名をマスタ化すれば、そのような問題は発生しません。地名を変更する場合でも、マスタを1か所変更すれば済みます。このような方法をデータベースの正規化と呼びます。

表8-5　テーブル weather_data、正規化前

year	point_name	temp	rain	thndr
2001	Wakkanai	6.0	1038.5	9
2001	Tokyo	16.5	1491.0	12
2001	Osaka	17.1	1041.5	8
2001	Hateruma	24.4	1475.0	NULL
2001	Showa	-11.2	NULL	0
2002	Wakkanai	7.0	1194.5	6
2002	Tokyo	16.7	1294.5	17
2002	Osaka	17.3	954.0	15
2002	Hateruma	24.3	1577.0	NULL
2002	Showa	-9.5	NULL	0
： （長いので中略）				
2010	Wakkanai	7.5	1312.5	11
2010	Tokyo	16.9	1679.5	11
2010	Osaka	17.3	1568.0	14
2010	Hateruma	24.4	1894.0	NULL
2010	Showa	-11.5	NULL	0

8

さて、表8-3や表8-4を表示するにはどうしたらいいでしょうか。このとき使われるのがSQLのSELECT文です。

```
SELECT * FROM point_master —①
SELECT * FROM weather_data —②
```

①②のSELECT文によって、それぞれのテーブルの内容を表示できます。
SQL文にはさまざまな条件を付けることができます。

```
SELECT year, thndr FROM weather_data WHERE point = 1 —③
```

③はWHEREの後ろに条件を書いて、その条件に合致した行のみを抜き出す構文です。条件は「point = 1」ですから、Wakkanaiのデータのみを抜き出しています。またSELECTとFROMの間に列名を書いています。このように列名を明示することにより、その列名のみを表示します。ここに「*」と書くと、すべての列という意味になります。

```
SELECT * FROM point_master ORDER BY point_name —④
```

④は、表示する順番を指定するものです。ORDER BYの後ろに列名を書くと、その列名の順に並べてくれます。
次に、複数のテーブルについてのSELECT文の書き方を見てみます。表8-3と表8-4を個別に表示するSQL文は①と②でした。でも人が見てわかりやすい表示は、これらを一緒にした表8-5のようなものです。表8-3と表8-4を使って表8-5と同じ表示を行いたい場合のSQL文を以下に示します。

```
SELECT year, point_name, temp, rain, thndr
FROM weather_data JOIN point_master ON point = point_code —⑤
```

2行で書きましたが、これで1つのSQL文です。ここではJOINによって複数のテーブルを連結しています。その連結の条件をONの後ろに書きます。
SELECT文にはまだまだ多くの機能がありますが、ここでそのすべてを説明することはできません。別途、SQLの教科書等を参照してください。

⏻ SELECT 以外の SQL 文

SELECT 文はデータベースへの問い合わせを行う文でしたが、ここでは、それ以外の SQL 文について見てみます。まずテーブルの作成です。

```
CREATE TABLE point_master (
    point_code INTEGER,
    point_name VARCHAR(256)
);
```

これは point_master というテーブルを作成する CREATE TABLE 文です。列の名前と、その列に入れることのできるデータ型を記述します。

テーブルにデータを追加する（行を追加する）には INSERT 文を使用します。

```
INSERT INTO point_master VALUES(1,"Wakkanai");
```

ほかにも、たとえば以下のような SQL 文があります。

DELETE　　　　：テーブルから行を削除する
UPDATE　　　　：テーブルの行を更新する
DROP TABLE　 ：テーブルを削除する
ALTER TABLE　：テーブルを変更する

また、重要な文として以下のようなものもあります。

START TRANSACTION ：トランザクションの開始
COMMIT　　　　　　　：トランザクションの終了
ROLLBACK　　　　　　：トランザクションのロールバック

これらはトランザクションを開始・終了するための文です[20]。トランザクションとは処理のひとかたまりのことを指します。「処理のひとかたまり」とは何かを説明するために、たとえば、銀行口座の残高テーブルを考えてみます。このテーブルには、口座ごとに預金残高が入っているものとします。

いま、A さんが自分の口座から 100 円を B さんの口座に振り込む依頼をしました。依頼を受けた銀行は、以下の処理を行います。

---

[20] これらは標準 SQL の場合に使われる文ですが、このあたりの機能には結構方言があり、トランザクションの開始・終了に BEGIN TRANSACTION、END TRANSACTION を使う DBMS もあります。

① Bさんの口座残高に 100 を加える

② Aさんの口座残高から 100 を引く

　いま①→②の順に SQL 文を発行して実行することにします。まず①の B さんの口座に 100 を加える処理はうまく行きました。次に②の A さんの口座から 100 を引く処理を行おうとしました。ところが A さんの残高を見たら 80 円しかありませんでした。B さんの口座にはすでに 100 円が振り込まれてしまっています。さてどうしましょうか。

　こういった場合に有用なのがトランザクションです。

```
START TRANSACTION
①  Bさんの口座残高に100を加えるSQL文
②  Aさんの口座残高から100を引くSQL文
COMMIT / ROLLBACK
```

　START TRANSACTION から COMMIT / ROLLBACK までの一連の操作がトランザクションです。テーブルの更新がすべてうまくいった場合には COMMIT 文で更新を確定させます。1 つでも更新がうまくいかなかった場合は ROLLBACK 文を実行することにより、すべての更新を無効にすることができ、元に戻されます。

　先ほどの例で言えば、A さんの口座残高が 100 円未満だった場合には ROLLBACK 文で B さんの口座残高を戻してあげればいいことになります。

　トランザクションには、ほかにも重要な機能があります。それがデータベースのロックです。いまトランザクション内に複数の更新があるとき、それらの更新中はデータに不整合が発生している状態です。確定していない更新もあります。先ほどの例で言えば、①で B さんの口座に 100 円が振り込まれたとしても、それは②で A さんの口座から 100 円が引かれて初めて確定します。万が一、A さんの口座に 100 円がない場合は、①の処理は無効になり、残高が戻されます。ここで、①と②の間には一瞬ではありますが時間があります。もし B さんが①と②の間にお金を引き出してしまったらどうでしょうか。確定していない金額を引き出してしまうことになります。これは（銀行としては）問題です。そこで、あるトランザクションの途中では、他の更新（場合によっては参照も）ができないように、必要な部分をロックします。

　また、テーブルの更新の途中でコンピュータに障害が発生した場合、やはり一連の更新が中途半端な状態になってしまいます。こういう場合も、やはりロールバックがなされ、トランザクション開始前の状態に戻されます。

OS の起動と仕組み

　OS という言葉はここまで何度となく出てきました。OS はプログラムでは
ありますが、通常のアプリケーションプログラムとは違った位置づけで動作し
ます。本章では OS の起動と、その役割のうち前章までに説明してこなかった
事項について解説します。

9.1 OS が起動するまで

⏻ 電源の投入

通常のアプリケーションプログラムは OS（Operating System）が起動します。たとえば OS が Windows ならば、スタートメニューから起動したり、エクスプローラーから起動したり、さらにコマンドプロンプトなどのシェルから起動することもできます。これらは OS 配下で動作するプログラムだからできることです。では、そもそも OS はどのようにして起動されるのでしょうか。

OS もプログラムです。それに使われる言語はさまざまですが、たとえば Linux ならば主に C が使われています[*1] し、Windows の場合は C++ が主に使われていると言われています。ほかにも、C や C++ が使えないような本当に低レベルの部分ではアセンブリ言語も使われます。

さて、ここで電源の入っていない PC の電源ボタンを押したとします。すると、画面上にさまざまな表示がされた後、OS が起動します。Windows がインストールされている PC でしたら、Windows へのログオン[*2] の画面が表示されるでしょう。この状態になるまでには OS（の中核部分であるカーネル）や、デバイスドライバ、その他 OS に付随するさまざまなプログラムが起動します。では、電源ボタンを押すとどのようにして、この状態まで到達するのでしょうか。ここではそれを、いわゆる PC を前提として説明していきます（それ以外のコンピュータでは必ずしも同じではありません）。

図 9-1 を見てください。PC の電源ボタンは、マザーボードに接続されています。第 5 章でマザーボードについて説明しましたが、表 5-2（P.114）に「1 x System panel(s)（Chassis intrusion header is inbuilt）」というコネクタがありました。電源ボタンはここに接続されます。

電源ボタンが押されると、マザーボードにその情報が伝えられ（図 9-1 の①）、それが、やはり表 5-2 にある「1 x 8-pin ATX 12V Power connector(s)」を

[*1] OS の中核部分をカーネルと呼びますが、Linux のカーネルのソースコードは https://www.kernel.org/ で公開されています。このサイトを見ると、多くのコードが C で書かれていることがわかります。

[*2] Windows では、伝統的に「ログオン」という用語を使っていましたが、最近では「サインイン」という用語を使うようになったようです。ちなみに、Linux（UNIX）では「ログイン」が一般的です。いずれも、意味的には違いありません。

通じて電源装置（ATX 電源と呼ばれる）に伝えられます（PS_ON、図 9-1 の②）。電源ボタンが押されたことを知った電源装置は起動を開始し、各所に電力を供給し始めます。

電源装置の起動直後は電力供給が不安定な状態です。このときマザーボードは CPU に対してリセット信号（図 3-3 の RESET ピン、P.57）を送り続けます（図 9-1 の③）。これによって CPU はリセットし続けることになり、動き始めることはできません。その後、電源装置から安定状態になったことを知らされると（PWR_OK、図 9-1 の④）、マザーボードはリセット信号の送出を止め（図 9-1 の⑤）、CPU が動き始めます（図 9-1 の⑥）。

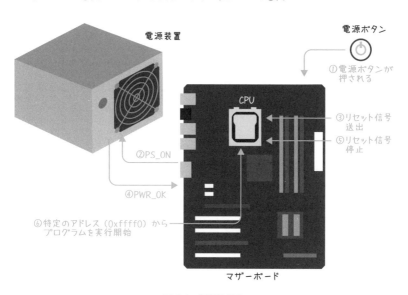

図 9-1　電源の投入

🔘 BIOS

第 3 章で説明したとおり、インテル x86 CPU（IA-32、x64 も）はリセット信号により、CPU のモードがリアルモードになり、アドレス 0xffff0 にある命令を実行し始めます。

リアルモードは、8086 という古い CPU と互換性があります。アドレス空間は図 4-3（P.100）にあるように 20 ビット、つまり 1MB（0x00000-0xfffff）で、このモードでは仮想アドレスは利用できません。したがって、以下の説明で出てくるアドレスは、特に断らなくても実アドレスのことを指します。

　起動直後の PC では、アドレス空間の 0xe0000-0xfffff の範囲には ROM が割り当てられています。この ROM にはプログラムが書き込まれていて、一般に BIOS と呼ばれます。BIOS は Basic Input/Output System の略で、最も低レベルの入出力をつかさどるプログラムです[*3]。

　さて、起動すると、アドレス 0xffff0 にある BIOS プログラムが動き始めることになります。ここでは、コンピュータのさまざまな部分の初期化、テスト等を行います。この初期化では、画面表示ができるようにすること、各種ストレージ（ハードディスクや光ディスクドライブ、USB メモリなど、OS 起動を行うためのストレージ）を利用できるようにするという重要な役割があります。

　BIOS には、どのような初期化を行うかをユーザが設定する機能があり、BIOS セットアップメニュー（セットアップ画面、設定画面）などと呼ばれています。BIOS セットアップメニューは、PC 起動の最初のほうで特定のキー（F2 や DEL キー）を押すことで表示できます。

　このセットアップメニューの中に、OS をどのストレージから起動すべきか、その順番を設定する画面があります。図 9-2 はその画面の一例で、フロッピーディスクドライブ→ハードディスクドライブ（2 台）→ CD-ROM ドライブ→ネットワーク、の順に検索し、起動が可能な[*4]ドライブ（起動ディスク）を探すように設定しています。

[*3]　BIOS はマザーボード（ハードウェア）に ROM の形で組み込まれていますが、このようなプログラムのことを、一般的にファームウェアと呼びます。

[*4]　起動可能かどうかの判別は、ストレージの種類によって異なります。リムーバブルメディアのドライブなら、メディアが挿入されていなければそもそも起動不可能です。ハードディスクの場合は、最初のセクタの最後の 2 バイトが 0x55、0xaa であれば MBR が存在していることの印なので起動可能と判断します。

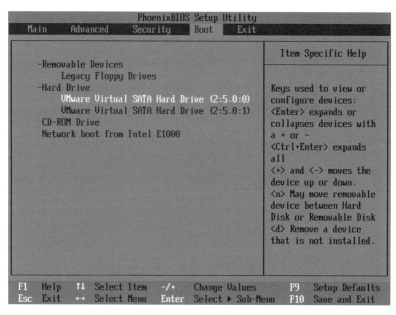

図 9-2　BIOS セットアップメニュー例

　そして、起動可能なドライブが発見されたら、その最初のセクタ（ハードディスクの場合は MBR）をメモリ上にロードし、その先頭アドレスにジャンプ、BIOS は起動時の役目を終えます。

Column ┃ **BIOS と UEFI**

　PC の BIOS は、古く IBM PC のころより数十年にわたって使われてきました。BIOS はその名のとおり、最も低レベルで入出力をつかさどるプログラムで、過去の OS は BIOS を経由して入出力を行ってきました。しかし、BIOS は設計も古く現在の OS では利用が困難になっており、現代の OS では BIOS を経由せずに入出力を行うようになりました。いま BIOS は、PC の起動時に初期化と OS を起動するためだけに利用されています。

　従来の BIOS はあまりにも設計が古いため、さまざまな点でいまどきの PC での使用は厳しくなってきました。たとえば OS は 32 ビットだったり 64 ビットで動作するのに、BIOS は 16 ビットモードでしか動作できない点であったり、GPT を使用したハードディスクを取り扱えないため、大容量ハードディスクを起動ディスクにできない、といった問題があります（GPT は前章で説

明したとおり、MBR に代わる新しいパーティションテーブルです。MBR では不可能であった 2TB を超えるハードディスクの利用が可能です）。

　この問題を解決するための新たな BIOS が UEFI BIOS です [5]。一般的に、従来の BIOS を単に「BIOS」、UEFI BIOS を「UEFI」と呼んでいます。UEFI を採用しているマザーボードや PC では、GPT による大容量ハードディスクからも OS の起動が可能です。

⏻ ブートストラップローダ

　ハードディスクの先頭セクタにある MBR（Master Boot Record）にはブートストラップローダと呼ばれるプログラムと、パーティションテーブルが存在しています。

> **注意**
>
> ここでは、従来の BIOS と MBR の場合について見ていきます。UEFI や GPT は、BIOS・MBR の発展形とも言え、より複雑な処理を行います。

　前項で見てきたように、BIOS は MBR をメモリ上にロードし、その先頭アドレスにジャンプします。MBR の先頭にはブートストラップローダが存在しますので、これが動作することになります。

　ブートストラップローダは、自分自身のパーティションテーブルを参照し、起動可能なパーティション（アクティブパーティション）を特定します。そして、そのパーティションの先頭セクタ（ブートセクタ）をメモリにロードし、そこにジャンプします。ここまでの流れを図解したものが図 9-3 です [6]。

---

[5] UEFI は Unified Extensible Firmware Interface の略で、2005 年に設立された Unified EFI Forum という標準化団体によって規格が制定されています。

[6] Linux で使われる GRUB のように図 9-3 の⑦〜⑨を飛ばして、その先に進むこともできるブートストラップローダもあります。

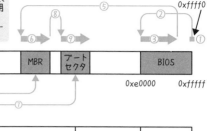

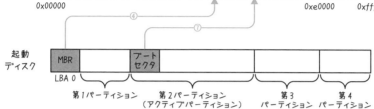

インテルのx86(IA-32, x64も)CPUは電源投入、リセット直後はリアルモード（仮想アドレス使用不可、アドレス空間は20ビット）で動作する。このため、ここでは実アドレス空間（0x00000-0xfffff）となっている

①CPUはリセット信号を受け取ると、0xffff0から実行を開始する。
②アドレス0xfffffにはBIOSの先頭アドレス0xe0000へのジャンプ命令があるので、そこまでジャンプする。
③BIOSが実行される。
④BIOSは起動ディスクを検索し、発見した起動ディスクのMBRをメモリ上にロードする。
⑤メモリ上にロードされたMBRのアドレスへジャンプする。
⑥MBRにあるブートストラップローダが実行される。
⑦ブートストラップローダはパーティションテーブルを検索し、アクティブパーティションのブートセクタをメモリ上にロードする。
⑧メモリ上にロードされたブートセクタのアドレスへジャンプする。
⑨ブートセクタが実行される。

図9-3　電源オンからブートセクタの実行まで

⏻ カーネルの起動とそれ以降

　この後、さらに何段階かを経てようやくOSのカーネルが起動します。Windowsならば、C:¥Windows¥System32¥ntoskrnl.exeというファイルがカーネルの本体です。Linuxでは、vmlinuzで始まるファイル名のことが多いかと思います。いずれにしても、カーネルはファイルの形を取っています。ということは、カーネルをロードするためには、少なくともファイルシステムでファイルを読むことができている必要があります。どのような処理が行われて最終的にカーネルが起動するかについては、OS固有の処理であり、ここで深入りすることはやめておきます。

　カーネルはさまざまな初期化処理を行いますが、その中でも重要なものにデバイスドライバの読み込みがあります。特にコンピュータが動作する上で欠かせない装置、CPU、メモリ、ハードディスク等のストレージ、ディスプレイ、キーボードとマウス、その他多くのデバイスに関するドライバはこの時点で読み込まれます[*7]。

デバイスドライバの管理や状況の表示は OS によって異なります。
Windows の場合は、デバイスマネージャーによって表示できるということを
第 5 章で説明しました（図 5-2、P.120）。
　　Linux の場合は、デバイスドライバはカーネルと一体化されているものもあ
りますし、カーネルモジュールの形で提供されていることもあります。カーネ
ルモジュールは、カーネルの起動時に組み込むこともできますし、後から組み
込んだり取り外したりすることもできます。現在組み込まれているカーネルモ
ジュールの情報を表示してみたのがリスト 9-1 です。

リスト 9-1：Linux におけるカーネルモジュールの情報表示

```
$ lsmod                          ←カーネルモジュールの一覧表示
Module              Size  Used by
ip6t_rpfilter       12595  1
ipt_REJECT          12541  2
nf_reject_ipv4      13373  1 ipt_REJECT
ip6t_REJECT         12625  2
      ：（中略）
cdrom               42556  1 sr_mod
      ：（後略）
$ modinfo cdrom                  ←カーネルモジュールcdromの情報表示
filename:       /lib/modules/3.10.0-957.el7.x86_64/kernel/drivers/
cdrom/cdrom.ko.xz
license:        GPL
retpoline:      Y
rhelversion:    7.6
srcversion:     B63448BA9456F320F84B102
depends:
intree:         Y
vermagic:       3.10.0-957.el7.x86_64 SMP mod_unload modversions
signer:         CentOS Linux kernel signing key
sig_key:        B7:0D:CF:0D:F2:D9:B7:F2:91:59:24:82:49:FD:6F:E8:
7B:78:14:27
sig_hashalgo:   sha256
parm:           debug:bool
parm:           autoclose:bool
parm:           autoeject:bool
```

---

*7　逆に、必要になったときに読み込まれるデバイスドライバもあります。たとえば USB に接続する
　　機器は PnP（プラグアンドプレイ）の仕組みにより、接続時にデバイスドライバが読み込まれる（場
　　合が多い）という説明は第 5 章ですでにしました。

```
parm:          lockdoor:bool
parm:          check_media_type:bool
parm:          mrw_format_restart:bool
$
```

lsmod コマンドによって、現在読み込まれているモジュールの一覧を表示できます。個別のモジュールの情報は modinfo コマンドで表示できます。ここでは「cdrom」という名前のモジュールについて表示しています（このモジュールは CD-ROM を含む光ディスク全般を対象としたファイルシステムのプログラムです）。modinfo の出力のうち filename の部分にあるのが、モジュールの実際のファイルになります。なお、モジュールの組み込みと取り外しは modprobe コマンド等で行うことができます。

こうやってカーネルが起動したのち、今度は常時動作させるプログラムが起動されます。これは、Linux（UNIX）ではデーモン（daemon）[8]、Windows ではサービス（service）と呼んでいます。

> **注意**
>
> 「サービス」という用語は、あまりにも一般的に使われているため、上記の意味での「サービス」なのか、それとももっと一般的な意味で言っているのか、注意が必要です。

これらデーモンやサービスは、位置づけとしては OS 上で動作する他のプログラム（アプリケーションプログラム）と同じです。ただ、一般的なアプリケーションプログラムは必要になったときに起動させ、仕事が終われば終了させます。たとえば、表計算ソフトを使いたいので Microsoft Excel を立ち上げて、何らかの作業をし、それが終わった後、終了させる、という感じです。それに対してデーモンやサービスは基本的には常時動作させておいて、終わらせません。画面表示もないのが普通です。

デーモン（サービス）の具体例としてわかりやすいのは、第 6 章「コンピュータネットワーク」で解説したクライアント・サーバ型通信における、サーバ側のプログラムです。図 6-17（P.163）を再度見てください。Internet Explorer、Edge、Safari、Chrome といったウェブブラウザは、ウェブサーバと通信を行います。このときユーザは、必要になったときにウェブブラウザ

---

[8] 「デーモン（daemon）」という単語は「守護神」という意味だそうです。

を立ち上げて利用します。それに対して、ウェブサーバは、いつ何時クライアントであるウェブブラウザから要求があるかわかりませんので、常時待機している必要があります。そのため、通常ウェブサーバはデーモン（サービス）として常時起動させておくわけです。

　いま、OS にどのようなデーモン（サービス）が登録されていて、起動しているのか・いないのかを調べる方法は、Windows 10 の場合はスタートメニューから「Windows 管理ツール」→「サービス」を選択します。すると、図 9-4 のようなウインドウが表示されます。ここに、いま OS に登録されているサービスの一覧が表示されます。ここで状態の確認や、起動・停止を行うことができます（先ほどサービスは常時動作していると説明しましたが、実際には、必要時に自動起動させたり、手動で起動・停止を行ったりすることも可能です）。

図 9-4　Windows のサービス

　この画面を見ると、かなりの数のサービスが背後で動作していることがわかります。なお、Linux の場合はディストリビューション [*9] やバージョンによって操作方法が異なりますので、解説は省略します。

　なお、Linux（UNIX）では、デーモンとして動作させるプログラムは、プログラム名の最後に文字 d を付けるのが慣習になっています。たとえば、httpd、sshd、syslogd といった具合です。

---

*9　Linux における「ディストリビューション」とは、コンパイル済み Linux カーネルに、標準的なツール、ライブラリ、その他のソフトウェア、インストーラなどをパッケージングして、コンピュータに容易にインストール可能としたもの。多くの種類があり、操作方法もまちまちです。

9.2 OS の機能 まとめ

⏻ プログラムの実行とシステムコール

OS の機能については、前の章までにかなりの部分について説明してきました。しかし、現代の OS はたいへん多くの機能を持っており、そのすべてを解説することは困難です。ここでは、まだ説明していなかった点をいくつか取り上げて見ていくことにします。

まず、ユーザやプログラマ（特に、通常のアプリケーションプログラムのプログラマ）にとって、OS とはいったい何でしょうか。いろいろと考えられますが、まず何と言ってもプログラムを実行するための基盤でしょう。ファイルシステム上に存在するプログラムをメモリ上にロードし、それを実行する仕事です。OS によって実行を開始したプログラムは、システムコール・API（Application Programming Interface）を通して OS（のカーネル）の助けを借りながら、実行していくことになります。

第 2 章で、システムコールを利用したプログラムを見てきました。リスト 2-3（P.28）のアセンブリ言語プログラムでは、

```
12行目    int $0x80
```

がシステムコールを実行している部分です。int 命令はソフトウェア割り込みを行う命令でした。この命令を実行することにより、0x80 番の割り込みが発生し、プログラムの処理はカーネルへ移ります。つまり、カーネル（システム）を呼び出しているのでシステムコールと呼ぶのです。

> **ポイント**
> 単にカーネルを呼び出すだけなら、カーネルへのジャンプ命令とかでできるのではと思うかもしれません。また、わざわざソフトウェア割り込みなんていう変な命令使わなくてもいいのではと思いがちです。

カーネルを呼び出すのにソフトウェア割り込みを使うのには訳があります。第 5 章のコラム「CPU の特権レベル」（P.127）で解説しましたが、通常のプログラムはユーザモードで動作しています。それに対してカーネルは特権モー

ドで動作します。CPU はユーザモードから特権モードには簡単に移行できないような仕組みになっており、単純なジャンプ命令で移ることはできないのです。この移行を行うための方法がソフトウェア割り込みです。なお、特権モードのことはスーパーバイザモードとも呼ばれ、システムコールをスーパーバイザコールと表現することもあります[*10]。

システムコールは、ユーザモードで動作するプログラムが自力で行うことができない操作、多くは入出力関係、をカーネルに依頼するために使われます。

⏻ タスク、プロセス、スレッド

古くは、1 つプログラムを動かすと、そのプログラムが終了するまで、他のプログラムを動かすことができない仕組みの OS がありました。そういった OS ではプログラムの動作中は OS 自体も待機状態となり、動いているプログラムに対して何らのアクションもできないこともありました[*11]。PC で最初に普及した DOS（PC DOS、MS-DOS）が、このような OS の代表例です。DOS は OS としては、ほぼファイルシステムとプログラムローダ（プログラムをファイルシステムからメモリ上にロードして、実行を開始させる）の機能しかなく、実行中のプログラムを管理することは不可能でした。

さて、「シングルタスク」「マルチタスク」という用語があります。いま、コア数が 1、ハイパースレッディングなどの高度な機能も持たない CPU を考えてみます。この CPU では、一時点で動作することができるプログラムは 1 つです。この「1 つ」にはカーネルも含まれます。このままでは複数のプログラムを同時に動作させることはできません。これがシングルタスクです。ここで、何らかの仕組みを設けることによって、複数のプログラムを同時に実行する（実行しているように見せかける）ようにした場合が「マルチタスク」です。

コアが 1 個しかない場合、同時に複数の実行は不可能です。それをなんとか複数同時に実行しているように見せかけるのがマルチタスクですが、それを

[*10] API という用語もシステムコールと同じような意味合いで使われます。ただ、API と表現する場合は OS に対する要求に限らず、もっと広い意味でも使われます。API という用語は Windows ではよく使われます。

[*11] こういう OS では、起動されたプログラムは、OS を待ち状態にさせたまま好きに動くことが可能でした。プログラムのバグによって、いわゆる「無限ループ」状態に陥ってしまうと、待ち状態になっている OS からは何の手出しもできない、ということもあったのです。そんなときは、OS はプログラムを止めることもできませんから、コンピュータを物理的にリセットするしかなかったものです。

実現する方法にはいくつかの種類があります。その中で現在主流になっているのがプリエンプティブマルチタスクです。この方式では、ハードウェアによるタイマによって一定間隔でCPUに割り込みを発生させ、強制的にカーネルに制御が移るようにしておきます。カーネルは実行中の複数のプログラム（タスク）を切り替えて実行させます[*12]。この仕組みにより、あたかも複数のタスクが同時に実行されているように見せています（タスクスイッチ、図9-5）。

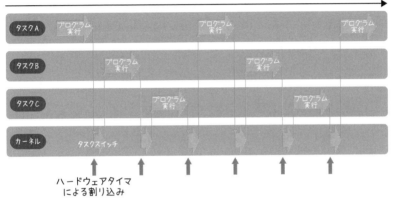

図9-5　タスクスイッチ

　さて、Linux（UNIX）やWindowsでは、「タスク」という用語はあまり使用されません。かわりに使われるのがプロセス（process）とスレッド（thread）です。いずれも「タスク」に相当する単語なのですが、プロセスとスレッドでは明確に意味が異なります。

　プロセスは、実行中のプログラムのことです。プログラムが実行を開始すると、それが1つのプロセスになり、プロセスIDと呼ばれる番号が割り当てられます。また、プロセスには独立した仮想アドレス空間が1つ与えられます[*13]。

[*12] カーネルは単純に複数のタスクを順番に切り替えて実行させているだけ、というわけではありません。タスクには優先度という属性があり、そのような情報も見ながら、次にどのタスクを実行させるかを判断します。また、時間のかかる入出力を行って結果待ちになっているタスクには割り当てを行いません。

[*13] 同じプログラムを複数起動すると、通常、起動した回数分だけプロセスが生成され、仮想アドレス空間もプロセスの数だけ作られます。

プロセスは、他のプロセスから隔離された仮想アドレス空間内で動作しますから、基本的には他のプロセスが何をしていようが、その影響は受けない仕組みになっています。もちろん、他のプロセスがコンピュータ資源を大量に消費している場合は、それにより自分のプロセスに対する資源割り当てが減ってしまう[*14] こともあり、影響が完全にゼロになるわけではありません。

　それぞれのプロセスは独立して動作していますが、プロセス間通信という仕組みがあり、必要な場合にはそれを使ってやり取りすることが可能です。

　プロセスの一覧は、Linux（UNIX）ならば ps コマンドで表示可能です。Windows 10 の場合は、以下の操作を行います。

STEP 1　タスクバーで右クリックして「タスクマネージャー」を選択
STEP 2　表示されたタスクマネージャーの左下に「詳細 (D)」という表示があった場合は、その「詳細 (D)」をクリック
STEP 3　上部にある「詳細」タブをクリック

　すると、図 9-6 のようなプロセスの一覧が表示されます。ここで、「名前」の欄が実行しているプログラム名、「PID」がプロセス ID です。通常のアプリケーションプログラムのほかにサービスもプロセスとして実行されますので、ここに表示されます。

[*14] コンピュータ資源とは、CPU、メモリ、ディスク、ネットワーク等、すべてのプロセスが共有して使うコンピュータ上の資源のことです。これらをある特定のプロセスが大量に使ってしまうと、結果として他のプロセスは、使える量が減ってしまいます。

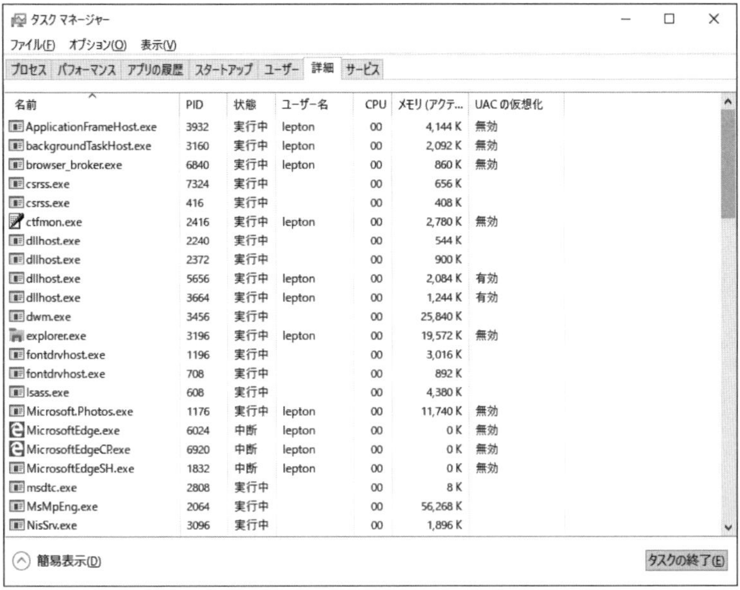

図 9-6　Windows のタスクマネージャー

　次にスレッドについて説明しておきます。スレッドは、プロセス内で複数の処理を同時に実行したい場合に使われます。プロセスとの違いは、各プロセスにはそれぞれ独立した仮想アドレス空間が割り当てられるのに対して、スレッドはそうではない、ということです。あるプロセス内に複数のスレッドを作ったとき、それらのスレッドは同じアドレス空間を共有します。このため、スレッド間でのやり取りはメモリを介して行うことができ、プロセス間通信の仕組みに頼る必要があるプロセス間のやり取りよりは、高速に行うことができます（ただし、スレッド間の独立性は、プロセス間よりはるかに低くなります）。

🔘 セキュリティ

　現代の OS では、セキュリティ機能はたいへん重要な機能です。過去の PC 用 OS であった DOS や、初期の Windows にはセキュリティ機能がほとんどありませんでした。それは、PC が「パーソナル」なものであり、目の前で直接操作する以外にその PC にアクセスする手段が存在しなかったため、問題となることはあまりありませんでした。何なら PC が設置されている部屋に物理的に鍵を掛けて、アクセスを不可能にすることも可能でした。

しかし、コンピュータがネットワークに接続されるようになると、「部屋に鍵を掛けておく」というようなセキュリティではコンピュータの安全性を保つことは困難になりました。それでも、初期の IP ネットワーク（インターネット）は性善説が基本だったこともあり、OS におけるセキュリティ機能の拡充もゆっくりとしたペースでされてきました。

Windows では、現代の Windows 10 の直接的な祖先である Windows NT において、ようやくセキュリティ機能が OS に標準的に組み込まれるようになりました。

ポイント

Windows のカーネルには大きく 2 種類の系統があります。

　① … → Windows 95 → Windows 98 → Windows Me
　② Windows NT → Windows 2000 → Windows XP →
　　 Windows Vista → Windows 7 → Windows 8 → Windows 10

初期の Windows は①の系統ですが、現在使われているのは②の系統です。①も②もユーザインターフェースの面ではよく似ている上、同じアプリケーションプログラムが動く（ことが多い）ので、どちらも似たような OS に見えます。しかし、カーネルはまったくの別物です。カーネルがセキュリティ機能を持っているのは②の系統になります。

図 9-7 は Windows Me のログオン画面です。Windows Me は古いカーネルを使った最後の Windows です。この画面はログオン画面ではあるのですが、実際にはユーザ名・パスワードを入力せず「キャンセル」ボタンを押しても Windows が起動して、使える状態になります。ログオン画面の上部に「ネットワークパスワードの入力」とあるとおり、これはネットワーク上にあるファイルサーバなどを使う場合に必要となるユーザ名とパスワードを入力するためのもので、ローカルな自分自身の OS を使うときには必要のないものだったのです。

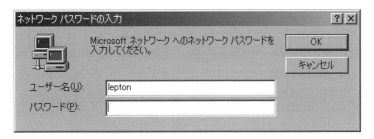

図 9-7　Windows Me のログオン画面

　それに対して、現在の流れのカーネルが採用された Windows NT 以降の
OS では、OS を使用する前にログオン（サインイン）が必須になっていま
す[*15]。

　ログオン（OS によっては、ログイン、サインイン）では、OS を利用して
いるのが誰であるのかを明らかにするために、通常ユーザ名とパスワードを
入力します。これをユーザ認証と呼んでいて、現在の Windows はもちろん、
Linux（UNIX）など多くの OS で使われています。

　OS においてユーザの情報はさまざまな場面で使われています。たとえば
ファイルシステムにおいて、ファイルにどのような操作（読む・書く・実行
する・削除する等）が可能であるかをアクセス権の形で保持しています（図
8-7、P.206）。たとえば、いま操作を行っているユーザに、そのファイルに対
する削除権限がなければ、削除することができません。

　なお、たいていの OS には特権ユーザという、ある意味「何でもできる」ユー
ザが存在します。Windows では Administrator、Linux（UNIX）では root
がそれに該当します[*16]。何でもできる特権ユーザは、極端な話、自分自身の OS
を破壊してしまうことも可能です。たとえば Linux で root でログインし、

```
rm -fr /
```

とかやってしまうと、OS に必要なファイルも含めてほとんどのファイルと
ディレクトリが消えてしまいます（ですので、よい子の皆さんは真似しないよ

[*15] 実際には自動ログオンのような仕組みもあり、必ずしも OS 起動時にユーザ名とパスワードを入力
する必要があるか、というとそうでもないのですが、そういう場合でも裏でログオンは行われてい
ます。

[*16] 他の名前で特権ユーザを作ることも可能ですが、代表的なユーザ名が Administrator と root です。

うにしましょう）。

　何でもできてしまう特権ユーザは、操作を間違えると取り返しがつきません。ですから通常は、特権ユーザは使用しないようにすべきです。Linux（UNIX）では、この原則がおおむね守られていて、通常ログインするときには一般ユーザで、必要なときのみ su コマンドなどで特権ユーザに切り替える方法が取られます。

　しかし、Windows の場合は、過去の Windows にユーザ認証機能がなかったという経緯もあり、特権ユーザでないと動かないアプリケーションプログラムがあったり、一般ユーザから特権ユーザに切り替えるのが面倒であったりするために、通常使用するユーザも特権ユーザとして登録することがよくありました（というか、現在でもよくあります）。このままの状態で使い続けると、操作を間違えてしまう可能性に加えて、たとえば悪意のあるプログラム（マルウェア）によって OS 自体を書き換えられてしまう危険性を排除できません。

　そこで考えられた方法がユーザアカウント制御（UAC）です。特権ユーザで操作を行っていても、通常は一般ユーザと同じ権限の範囲内でのみ操作が行われ、どうしても特権が必要な場合にのみ、自動的に権限の昇格を行う方法です。そして、権限の昇格を行うときに図 9-8 のような画面が表示されます。この画面は見たことがある人も多いかと思います。この表示が出る心当たりがない場合は「はい」を押さないことにより、不正な操作を防ぎます。なお、図9-8 は、Windows PowerShell を管理者モードで起動させようとしたときに表示された画面です。

図 9-8　ユーザアカウント制御の確認

データの内部表現

　コンピュータが扱うデータには、整数や小数、文字列、その他、画像などさまざまなものがあります。コンピュータの内部ではそれらはすべて二進法で表された数値（ビット列）で表現されています。本章では、さまざまな種類のデータが内部でどのように表現されているのかについて見ていきます。

10.1 ファイルの形式

⏻ 拡張子とテキストファイル

Windows のエクスプローラーで拡張子が「.txt」のファイルをダブルクリックすると、通常「メモ帳」が起動し、そのファイルの内容を見ることができます。何を当たり前のことを、と思われるかも知れません。しかし、どんな仕組みがあってメモ帳が開いて、ファイルの内容が表示されるのでしょうか。

メモ帳はアプリケーションプログラムです。通常、「C:¥Windows¥System32¥notepad.exe」にプログラム自体のファイルがあります。

エクスプローラーで拡張子が「.txt」のファイルをダブルクリックしたときに、どうしてメモ帳が起動するのでしょうか。それは Windows の機能で、拡張子とアプリケーションとの関連付けがしてあるからです。図 10-1a を見てください。この画面は、Windows 10 の場合の例ですが、設定から「アプリ」→「既定のアプリ」→「ファイルの種類ごとに既定のアプリを選ぶ」で表示できます。ここで「.txt」が「メモ帳」に関連付けられていることがわかります。ほかにも多くの関連付けがされていますので、眺めてみると新たな発見があるかも知れません。

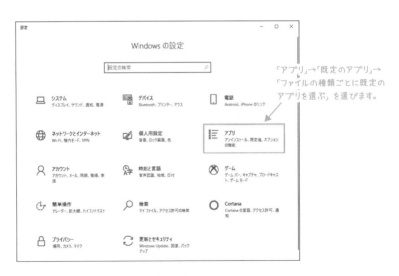

図 10-1a 設定の画面

図 10-1b　ファイルの種類ごとに既定のアプリを選ぶ

　メモ帳はテキストエディタと呼ばれるアプリケーションの1つです。テキストエディタは、内容が文字だけのファイル（テキストファイル）の内容を表示したり編集したりすることができるプログラムです。メモ帳は機能的にかなり貧弱ですが、高機能なテキストエディタも、有料・無料を含めて多数あり、それらをインストールして使うこともできます。エクスプローラーでダブルクリックしたときに起動するテキストエディタを変更するには図 10-1b の画面で関連付けを変更します。

　さて、拡張子「.txt」はテキストファイルを意味します。これの意味するところは以下のとおりです。

- テキストファイルならば拡張子は必ず「.txt」である
  ⇒間違い

- 拡張子が「.txt」ならばテキストファイルである
  ⇒必ずしも正しいとは限らない

- テキストファイルならば拡張子は「.txt」である可能性が高い

  ⇒そうとも言えない

- 拡張子が「.txt」ならばテキストファイルである可能性が高い

  ⇒たぶん正しい

つまり、拡張子が「.txt」のファイルはたぶんテキストファイルなんじゃないかなあ、ということが言えるに過ぎません。そもそも拡張子はエクスプローラーなどで簡単に変更することができます。

> **注 意**
>
> OS的には、拡張子はファイル名の一部に過ぎません。また、エクスプローラーでは拡張子を表示しない設定にすることもでき、過去のWindowsではそれが標準であったこともあり、表示しない設定のまま使っている人もよく見かけます。正直、特にコンピュータ関連業界の人にとっては、拡張子を表示しない設定は百害しかありませんので、表示しない設定になっている人は、設定を変更しておきましょう。Windows 10のエクスプローラーなら、「表示」タブで「ファイル名拡張子」にチェックを入れるだけです。

また、テキストファイルであっても拡張子が「.txt」ではないファイルは数多く存在します。たとえば、プログラムのソースファイル（ソースコード）がそうです。ソースコードは通常、テキストとして記述しますので、テキストファイルです。

テキストファイルの対義語はバイナリファイルです。バイナリファイルは、テキストエディタではまともに表示することができませんし、編集することもできません[1]。

⏻ ファイルの中身の調べ方

いまここに正体不明のファイルがあるとします。とりあえず、そのファイルの内容を見てみたい場合に手っ取り早い方法はメモ帳などのテキストエディタで開いてみることです。もしかしたら、その正体不明のファイルはテキストファイルかも知れません。そうであれば、テキストエディタでテキストとして表示

---

[1] テキストファイルとバイナリファイルが、本来の意味での対義語と呼べるかどうかは微妙ですが、ここでは、テキストファイルではないファイルのことをバイナリファイルと呼ぶことにします。つまり、文字として表現できないデータが含まれているファイルです。

されるはずです。しかし、残念なことにテキストファイルではなかった（バイナリファイルだった）ならば、どのような表示がされるでしょうか。

図 10-2 を見てください。これは「正体不明のファイル」ではありませんが、メモ帳で notepad.exe というファイルを開いてみた例です（つまり、自分自身のプログラムを開いてみたことになります）。

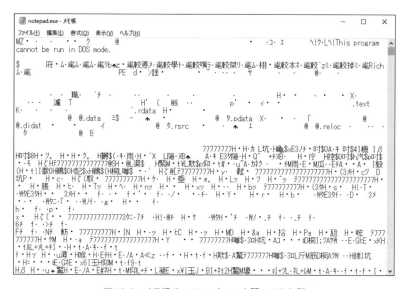

図 10-2　メモ帳で notepad.exe を開いてみた例

　何やらさっぱりわからないものが表示されています。もともとメモ帳のようなテキストエディタはテキストファイルを開いて内容を参照したり編集したりするためのものです。したがって、バイナリファイルを開いても、一見わけのわからない表示しかされないのです。

　とは言うものの、バイナリファイルをメモ帳で開いてもまったく無意味かというと、必ずしもそうではありません。わからないながらも、開いたファイルがどんなファイルであるのか、ある程度見当を付けることが可能なこともあります。たとえば図 10-2 のメモ帳の表示では、最初に「MZ」という 2 文字が見えます。これは Windows の実行ファイル（EXE ファイル）であることを表す、いわゆるマジックナンバー [*2] です。

[*2]　ここで言う「マジックナンバー」は、そのファイルが何ものであるかを表すために、ファイル内に埋め込まれたデータのことを指します。

また、図10-2の1行目から2行目にかけて「This program cannot be run in DOS mode.」という文字列が見えます。EXEファイルはDOSやWindowsの実行ファイルですが、「このnotepad.exeはWindowsのみで実行可能で、DOS上では動きませんよ」というメッセージをDOS上で実行したときに表示するためのデータです。これだけの情報から「このファイルはWindows用のEXEファイルであるらしい」ということまでわかります。

ファイルの内容をさらに詳細に調べるためには、別のツールが必要になります。Linux（UNIX）には、fileという便利なコマンドがあり、これを使うとそのファイルがどのようなものなのか判別してくれます[*3]。Windowsには同等の機能を持ったツールはありませんが、cygwinやWindows Subsystem for Linuxといった、Windows上でUNIXコマンドが利用できる仕組みを使えば、fileコマンドが利用可能になります。

リスト10-1を見てください。いま、file1〜file6という、拡張子もない得体の知れないファイルがあります。これらに対してfileコマンドを実行してみました。

リスト10-1 ：fileコマンドの実行例（Windows上でcygwinを使用した場合の例）

```
C:\work>dir
 ドライブ C のボリューム ラベルは XXXX です
 ボリューム シリアル番号は XXXX-XXXX です

 C:\work のディレクトリ

2019/11/23  16:43    <DIR>          .
2019/11/23  16:43    <DIR>          ..
2019/11/23  16:38             7,845 file1
2019/11/23  13:10                67 file2
2019/03/19  13:45           181,248 file3
2019/11/16  12:35            46,167 file4
2019/11/23  15:14            28,786 file5
2019/11/23  16:43             9,655 file6
               6 個のファイル             273,768 バイト
               2 個のディレクトリ   536,512,921,600 バイトの空き領域
```

[*3] fileコマンドは、ファイルの内容を読み込んで、そのファイルの種類を判別（推測）してくれます。拡張子を頼って判別するわけではないので、拡張子のない、もしくは、拡張子が誤っているファイルでも、おおよそ正しく判別します。ただし、判別を誤ることもないわけではありません。

```
C:\work>file *
file1: Non-ISO extended-ASCII text, with CRLF, NEL line terminators
file2: C source, ASCII text, with CRLF line terminators
file3: PE32+ executable (GUI) x86-64, for MS Windows
file4: PDF document, version 1.5
file5: PNG image data, 832 x 548, 8-bit/color RGB, non-interlaced
file6: Microsoft Excel 2007+

C:\work>
```

file コマンドの実行結果から、

- file1：テキストファイル
- file2：C のソースファイル
- file3：Windows の実行ファイル
- file4：PDF ファイル
- file5：PNG フォーマットの画像ファイル
- file6：Excel ファイル

であることがわかりました。このように file コマンドが使えると、そのファイルが何ものであるかを、ある程度知ることができます。

　ファイルの内容をさらに細かく見たい場合は、16 進法でファイルをダンプする方法があります[*4]。第 7 章では、Windows でファイルをダンプするために PowerShell の Format-Hex を使用しました。Linux（UNIX）ならば od コマンドなどが利用可能です。

10

[*4]　ただし、ファイルをダンプしたところで、そのファイルにどんな形式でどんな情報が入っているか、たちどころにわかるわけではありません。

10.2 さまざまな内部表現

n 進法と整数

C や Java やそれに類する言語で、以下のように書いたとします。

```
int a;       /* int型（整数型）の変数aの宣言 */
a = 30;      /* 変数aに30を代入 */
```

ここで「30」は 10 進法で表記した 30 という整数の定数です。この代入を説明するときに「10 進数の 30 が変数 a に代入されます」と表現することもできますが、この表現にはいささか問題があります。というのも、変数という「箱」に入るのは「10 進数の 30」ではありません。10 進法で表記された「30」という値が、コンピュータの内部表現（つまり 2 進法）に変換されて、変数に入るのです。たとえば、以下のような代入では、

```
a = 30;      /* 10進法で表記された「30」を変数aに代入 */
a = 0x1e;    /* 16進法で表記された「1e」を変数aに代入 */
a = 036;     /* 8進法で表記された「36」を変数aに代入 */
```

これらはすべて、a という変数に 2 進法で表記された「11110」という値が代入されることになります。つまり、これら 3 行はまったく同じ意味です。

さて、「int a;」と書くと、int 型の変数 a が宣言され、この変数 a のための領域が通常はメモリ上に確保されます。int 型は、Java では 32 ビット（4 バイト）、C では 32 ビット（4 バイト）の場合が多く、これだけの長さの領域が確保されることになります[5]。

int 型は 4 バイト等の複数バイトの整数を扱う型ですが、それを考える前にまず 1 バイトの場合を見てみます（C の char 型や Java の byte 型が 1 バイトの整数型です）。1 バイト（8 ビット）で表現できる情報は 2^8 = 256 個、2 進法で表記すれば 00000000 ～ 11111111 になります。このように 0 と 1 だけが並んだデータのことをビット列と表現します。

---

[5] 前にも説明しましたが、2 進法 1 桁のことをビット、8 ビットのことを 1 バイトと呼びます。なお、過去には、必ずしも 8 ビット＝ 1 バイトとは限らなかったのですが（P.251 の [7] を参照）、いまはこのようにみなして問題ありません。

ここで、この 00000000 〜 11111111 をそのまま 10 進法（と 16 進法）に変換してみます（表 10-1）。このようにすることによって、1 バイトで表現できる値として 0 〜 255 が得られました。表 10-1 のように値として負でない整数のみからなる場合、これを符号なし整数と呼びます。

表 10-1　1 バイトの符号なし整数

ビット列	16 進表記	値（10 進表記）
00000000	00	0
00000001	01	1
00000002	02	2
⋮	⋮	⋮
11111110	fe	254
11111111	ff	255

ビット列と、それで表現できる値との間の関係は 1 対 1 でありさえすればよく、必ずしも表 10-1 のような対応関係である必要はありません。表 10-1 の場合、表現できるのは負でない整数に限られてしまいます。このままでは負の整数や、任意の桁の整数、小数点のある数、文字などを表現することはできません。そこでビット列と値との割り当てを変えてみます。

まず負の値を表現する方法を考えます。この方法にはいくつかの種類がありますが、一般的なのが「2 の補数」による表現です。「2 の補数」の意味は省略しますが、8 ビットの場合、

- 負でない値
  ⇒最上位ビットは 0、残りの 7 ビットで値を表す

- 負の値
  ⇒ 2^8（100000000）に値（7 ビット）を加算する
  例　　-1 ⇒ $2^8+(-1)=255$ ⇒ 11111111
  　　　-128 ⇒ $2^8+(-128)=128$ ⇒ 10000000

で計算できます。このとき、最上位ビット（最も左側のビット）が 1 の場合
は負の値、0 の場合は負でない値（ゼロか正の値）となります（表 10-2）。表
現できる数は –128 ～ 127 の 256 種類で、負の値のほうが正の値より 1 個だ
け多くなることも特徴の 1 つです。

表 10-2　1 バイトの符号付き整数（2 の補数）

ビット列	16 進表記	値（10 進表記）
00000000	00	0
00000001	01	1
00000002	02	2
⋮	⋮	⋮
01111110	7e	126
01111111	7f	127
10000000	80	-128
10000001	81	-127
⋮	⋮	⋮
11111110	fe	-2
11111111	ff	-1

　ここでは 1 バイトのデータについて見てきましたが、2 バイト以上の場合も、
ビット列の長さが 8 ビットより多くなるだけで、まったく同じことが言えます。
　なお、第 4 章（バイトオーダ、P.94）でも解説したとおり、複数バイトか
らなる値をメモリ上に配置する場合、格納の順番には大きく 2 通りの方法が
あります。たとえば、int 型が 4 バイトとします。ここで、

```
int a;              /* int型の変数aの宣言、4バイト */
a = 0x1234abcd;     /* aに値を代入 */
```

というコードがあったとき、4 バイトの領域が変数 a のためにメモリ上に確保
され、a に 0x1234abcd という値が入ります。このように複数バイトのデー
タをメモリに格納する場合、どのような順番で格納するかをバイトオーダもし
くはエンディアンネスと呼びます。

- **リトルエンディアン（little endian）**

  データの下位バイト（下の桁）をメモリの下位アドレス（小さなアドレス）に、上位バイトを上位アドレスに格納する

- **ビッグエンディアン（big endian）**

  データの上位バイト（上の桁）をメモリの下位アドレス（小さなアドレス）に、下位バイトを上位アドレスに格納する

これを図に示したものが図 10-3 です。

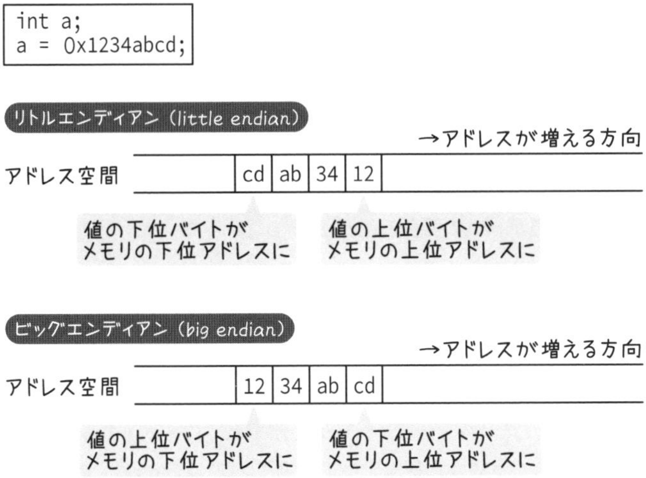

```
int a;
a = 0x1234abcd;
```

リトルエンディアン（little endian）

→アドレスが増える方向

アドレス空間 | cd | ab | 34 | 12 |

値の下位バイトが　　　　値の上位バイトが
メモリの下位アドレスに　メモリの上位アドレスに

ビッグエンディアン（big endian）

→アドレスが増える方向

アドレス空間 | 12 | 34 | ab | cd |

値の上位バイトが　　　　値の下位バイトが
メモリの下位アドレスに　メモリの上位アドレスに

図 10-3　バイトオーダ

10

⏻ アドレス

アセンブリ言語では、メモリ（アドレス空間）上の位置をアドレスという値で特定します。アドレスは符号なし整数です。そのため、普通に加算や減算ができます。第 2 章で、

```
subl $4, %esp      // espから4を引く
addl $4, %esp      // espに4を足す
```

という命令が出てきました。それぞれ esp レジスタの値から 4 を引いたり、4 を足したりしています。esp レジスタはメモリ上のスタックと呼ばれる領域の

最後のアドレスを保持しています。上記のコードはスタックに新たな（4 バイトの）データを積むために 4 を引いたり、スタックから（4 バイトの）データを取り除くために 4 を加えたりする命令でした（図 2-3、P.42）。

　C や C から派生した言語では、ポインタという仕組みを使ってアドレスを取り扱うことができます。C のポインタも、制限はあるものの加算や減算といった演算が可能です（ポインタ演算）。このポインタ演算が可能なことが、他の高水準言語にはない C の大きな特徴です。

Column ┃ **ポインタと参照**

　C や C から派生した言語以外でも、「アドレス」「ポインタ」という言葉は使ってはいないものの、内部的にはポインタを使用しています。たとえばオブジェクト（クラスのインスタンス）の参照値は、そのオブジェクトを保持しているメモリ上の領域のアドレスそのもののことが多いものです。

　Java で参照値が null の場合、たとえば

```
String s = null;
int l = s.length();
```

のようなコードを実行すると、有名な NullPointerException という例外が発生します。ここに "Pointer" という単語が現れています。Java では「参照（reference）」という言葉を使っていて「ポインタ（pointer）」という言葉は排除していたはずなのですが、こんなところで、じつは参照はポインタであったことが発覚してしまっています。

⏻ その他の数値表現

　ここまで整数について見てきました。アドレスも整数の一種とみなすことができます。次に数として考えるとすれば小数や分数でしょうか。このうち分数を扱うことができる言語はかなり限られています。いっぽう小数はたいていの言語で利用可能です。コンピュータで扱う小数には、大きく以下の 2 種類があります。

- **固定小数点数**

  整数のある特定の桁の位置に小数点があるとみなすもの。浮動小数点数のような情報落ちが発生しないため、勘定系システムのようなお金の計算に関わる場合などに使われます。

- **浮動小数点数**

  科学技術分野では大きな数や小さな数を表すとき、2.998×10^8 のような表し方をします。このとき 2.998 を仮数、8 を指数と呼びます。この仮数と指数の組により、大きな数や小さな数を表すことが可能になります。コンピュータの世界では、仮数と指数を 10 進ではなく 2 進で表現した浮動小数点数を使用します。

　浮動小数点数にはいくつかの形式がありますが、現在一般的なのが IEEE 754 形式と呼ばれているものです。これはいくつかの精度のものが規格化されていますが、たとえば倍精度浮動小数点数は、符号部 1 ビット、指数部 11 ビット、仮数部 52 ビットの計 64 ビット（8 バイト）で構成されています。

　浮動小数点数の利用には、いくつか注意が必要です。いま、Java で以下のようなコードがあったとします。

```
double d = 0.0;
for (int i = 0; i < 100; i++) {
    d += 0.1;
}
System.out.println(d);
```

　まず、倍精度浮動小数点（double）型の変数 d を宣言し、初期値として 0.0 を入れておきます。この変数 d に対して 0.1 を 100 回繰り返し加算します。0.1 を 100 回加算するということは、つまり 10 を加算することになるはずで、結果を表示すると 10 になっているはずです。しかし、実際に実行してみると、結果は「9.99999999999998」と表示されます。どうしてこうなるかというと、0.1 という値に原因があります。0.1 という 10 進法で表記された値は、そのまま正確に浮動小数点数で表すことができないのです。実際には 0.1 よりほんのわずかばかり小さな値の浮動小数点数になってしまい、それを 100 回繰り返し加算することにより、結果が 10 より少しだけ小さくなってしまったというわけです。

　10 進法では単純な値である 0.1 が、2 進法で表現される浮動小数点数に変換されるときに誤差が生じてしまったのです。ここで、10 と

9.99999999999998 の差なんて十分小さいんだから無視できるよね、という用途の場合はいいのですが、たとえばお金の計算のようにそういうことが許されない場合もあり、そういう用途には浮動小数点数は向きません。このようなことを許容できるかどうかで浮動小数点数が使えるかどうかが決まります。

　さて、C の基本型や Java のプリミティブ型などは、そのデータ型のビット数が決まっています。そのビット数によって、表現できる情報の数は決まってしまいます（たとえば 8 ビットなら $2^8 = 256$ 個、16 ビットなら $2^{16} = 65536$ 個という具合です）。

> **ポイント**
>
> これは、整数であれ小数であれ、その情報数を超える精度のデータは保持し得ないことを意味します。
> たとえば 0 円～ 10 万円の日本円での金額を変数に格納することを考えます。16 ビットのデータ型の変数に、0 円～ 10 万円のすべての情報を 1 円単位で保持することは不可能です。なぜなら、16 ビットには 65536 種類の情報しか保持し得ないからです。
> しかし、「1 円単位なんて細かいことはいいよ。10 円単位でやって」ということなら可能です。金額を 1/10 して、1 円の位を消してから変数に代入すればいいわけです。10 円単位でいいよ、というのは情報の精度を 1/10 に落としている、ということを意味しています。

　基本型・プリミティブ型とは別に、任意の精度でデータを保持し演算できる仕組みが備わっている言語や、ライブラリが使える場合もあります。たとえば、Java においては BigDecimal クラスや BigInteger クラスを使うことにより、プリミティブ型ではできなかった精度の計算が可能です[*6]。

⏻ 文字と文字列

　コンピュータ上では、文字に番号を付けて取り扱います。これを文字コードと呼びます。文字コードは、概念的には文字セットとエンコーディングの 2 つが組み合わさったものです。

[*6]　プリミティブ型の演算は CPU が一度に行うため高速ですが、こういった任意精度の演算はソフトウェア上で実現しているため、はるかに低速です。そのため、時と場合によって使い分ける必要があります。

- **文字セット（符号化文字集合）**

  扱う文字全体の集合。英数・記号のみの文字セット（ASCII や JIS X 0201 など）、漢字など日本語で一般に使われる文字からなる文字セット（JIS X 0208、JIS X 0213）、世界中の文字からなる Unicode などがあります。

- **エンコーディング（文字符号化方式）**

  文字セットで定義された各文字にどのようなコードを割り振るか、といった規定。一般に「文字コード」と言った場合、たいていの場合、このエンコーディングの種類を指しています。

英数・記号のみの文字セットを使用する場合には、1 バイトで 1 文字を表現する[7]ことができます。

しかし、漢字などを使う場合は 1 バイト（$2^8 = 256$ 種類）ではとうてい足りません。漢字を含む文字セットとしては、いわゆる JIS（JIS X 0208 や JIS X 0213 など）と Unicode がよく使われますが、これらの文字セットには数千から数万以上の文字が含まれています。

JIS の文字セットを使う場合に用いられる主なエンコーディングは以下の 3 つです。

- **ISO-2022-JP**

  「JIS コード」と表現された場合、たいていこの ISO-2022-JP のことを指しています。日本語の電子メールで、これまではよく使われていました。

- **シフト JIS（Shift_JIS、SJIS）**

  Windows などでよく使われる（使われた）エンコーディングです。第 7 章で説明した、いわゆる全角文字（漢字、2 バイト）と半角文字（英数、1 バイト）を混在させたときに、その切り替えのための特別なデータ（後述する制御文字やエスケープシーケンスと呼ばれる）が必要ないように工夫されています。さらに、全角文字が 2 バイト、半角文字が 1 バイトなので、第 7 章でも説明したように、テキスト VRAM を使用する場合に好都合でした。そのおかげで、過去の（性能が低かった）PC でも取り扱いが容易でした。

---

[7]　「1 バイトで 1 文字を表現する」というのは実際には話が逆で、過去に 1 文字を表現できるだけのビット数を 1 バイトと呼んでいた、と言うほうが正確です。昔は、1 バイトが 8 ビットではない、6 ビット、7 ビット、9 ビットだったこともあり、8 ビットではない 1 バイトを取り扱うコンピュータも存在していました。

- **EUC-JP**

  EUC は Extended Unix Code の略で、UNIX などでよく使われる（使われた）エンコーディングです。

これらのエンコーディングは Unicode の文字セット[8]を使った下記のエンコーディングに置き換わりつつあります。

- **UTF-8**

  UTF は Unicode Transformation Format の略です。UTF-8 は、1 文字を 1 ～ 4 バイトで表現する可変長のエンコーディングです。英数字（ASCII）は 1 バイトで表現でき、その範囲で利用する限りは ASCII と互換性があります。漢字の大半は 3 バイトで表現されます。

  UTF-8 はよく外部（ファイルやネットワークなど）とのデータのやり取りに使われます。たとえばメールに使われる Unicode のエンコーディングは UTF-8 です。

- **UTF-16**

  1 文字を原則 2 バイトで表現するエンコーディングです。もともと Unicode は世界中の文字を 2 バイト（2^{16} = 65536 個）で表現することを目指していました。文字セットに含まれる文字数がこの範囲に収まっていれば、1 文字を 2 バイトですべて表現可能です。しかし、現実にはそれより多くの文字が必要となり、UTF-16 は原則 2 バイト、ただし 4 バイトのこともある、というエンコーディングになってしまいました。

  UTF-16 は主にコンピュータ内部で文字を扱うときに使われます。たとえば OS の内部やプログラミング言語でよく利用されています。

UTF-8 は 1 バイト単位なのでバイトオーダの問題は発生しませんが、UTF-16 は 2 バイト単位で 1 文字を表すのでバイトオーダの問題が発生します。たとえば、ファイルに UTF-16 で書き込むときに上位バイトから先に書き込む（ビッグエンディアン）のか、下位バイトから先に書き込む（リトルエンディアン）のか、どちらを使うのかということです。これは、結論から言えば、両方あります。どちらであるかは、データの先頭 2 バイトの値で示します。この値を BOM（バイトオーダマーク、Byte Order Mark）と呼びます。

---

[8] 2020 年現在、Unicode にはおおよそ 14 万文字が登録されています。この中には、現在使われている通常の文字以外にも、絵文字や、古代の文字なども含まれています。

ビッグエンディアン：BOM は「FE FF」、もしくは BOM を付けない

リトルエンディアン：BOM は「FF FE」

どちらのバイトオーダを利用するかあらかじめ決めておき、BOM を使用しない方式を採用することも可能です。このようなエンコーディングを UTF-16BE、UTF-16LE と呼びます。

UTF-16 ：ビッグエンディアン、リトルエンディアンいずれのバイトオーダも許容するエンコーディング。いずれであるかは BOM によって指定

UTF-16BE：必ずビッグエンディアン。BOM は付けない

UTF-16LE：必ずリトルエンディアン。BOM は付けない

⏻ テキストファイル

文字列をファイルに書き込んだものがテキストファイルです。テキストファイルの内容がどうなっているかを見てみます（ここではテキストファイルを例に取りますが、これがメモリ上であっても、ネットワーク上を流れるデータであっても、考え方は同じです）。

リスト 10-2 を見てください。英字（といくつかの記号）だけからなる 2 行の簡単なテキストファイルです。これを Windows と Linux で作成します [*9]。

リスト 10-2 ：テキストファイル sample1.txt

```
Hello, world.
Good morning.
```

作成したファイルをダンプしてみます。Windows で作成したテキストファイルのダンプが リスト 10-3、Linux のテキストファイルのダンプが リスト 10-4 です。

リスト 10-3 ：Windows で作成した sample1.txt のダンプ

```
00000000    48 65 6C 6C 6F 2C 20 77 6F 72 6C 64 2E 0D 0A 47
00000010    6F 6F 64 20 6D 6F 72 6E 69 6E 67 2E 0D 0A
```

[*9] 今回は、Windows の場合はメモ帳で、Linux では vi エディタで作成しました。別のテキストエディタを使っても、基本的には同じです。

```
00000000    48 65 6C 6C 6F 2C 20 77 6F 72 6C 64 2E 0A 47 6F
00000010    6F 64 20 6D 6F 72 6E 69 6E 67 2E 0A
```

　これらのリストを見比べてみると、一部（濃い網掛けの部分）に違いがあることがわかります。この「0D 0A」もしくは「0A」は改行文字と呼ばれています。テキストファイルで改行されている部分にはこの改行文字という特別な制御文字が入ります。改行文字として使われる制御文字には、CR（0x0d）と LF（0x0a）があり、どれが使われるかは OS によって異なっています。

　CR+LF（0D 0A）：Windows
　LF（0A）　　　　：Linux（UNIX）、macOS[*10]

　Windows の改行文字は 2 バイトであるため、プログラムでデータを読むときにやっかいなことが起きる可能性があります。たとえば C でファイルを読む場合に、

```
fp = fopen("sample1.txt", "r");
```

と書くとテキストモードでファイルが開かれ、改行文字 CR+LF は（2 バイトでありながら）1 文字として読み込まれます。いっぽう、

```
fp = fopen("sample1.txt", "rb");
```

と書くとバイナリモードでファイルが開かれ、改行文字 CR+LF は 2 文字として読み込まれます。つまり読むファイルがテキストファイルであるか、それ以外（バイナリファイル）であるかによって、開き方を変える必要があります。
　また、FTP でネットワーク経由でファイル転送を行う場合も、転送方法にアスキーモードとバイナリモードがあり、アスキーモードでは、転送元と転送先の OS によっては改行文字の変換が行われることがあります。この転送モードを間違えると正しく転送されないことがあり、注意が必要です。
　次に、リスト 10-5 を見てください。先ほどのファイル（リスト 10-2）は英字と記号だけでしたが、今度のファイルには漢字も含まれています。

[*10] 昔の Mac OS（Mac OS 9 まで）には CR（0D）が使われていました。いまの macOS は UNIX がベースになっていることもあり、LF になっています。

：テキストファイル sample2.txt

```
これはtext fileの例です。
これはテキストファイルの例です。
```

　このテキストファイルを、各種のエンコーディングで作成し、それをダンプしてみたのがリスト 10-6 からリスト 10-10 です。これらのダンプを順番に見ていくことにします。まずリスト 10-6 です。これは ISO-2022-JP（いわゆる JIS コード）の場合です。このダンプには「1B 24 42」と「1B 28 42」という 3 バイトが何度も現れています。これらはエスケープシーケンスと呼ばれていて、

「1B 24 42」：ここから漢字の文字セット（JIS X 0208）
「1B 28 42」：ここから英数記号の文字セット（ASCII）

ということを表しています[*11]。このエスケープシーケンスによって文字セットを切り替えているのが ISO-2022-JP の特徴です。

　次にリスト 10-7（シフト JIS）です。シフト JIS ではエスケープシーケンスを使用しません。英数記号の文字は 1 バイトで、漢字は 2 バイトで表現されます。漢字のように 2 バイトで表現される文字の 1 バイト目は、0x81 〜 0x9f か 0xe0 〜 0xef の範囲の値になっていて、これらの場合は次のバイトと組にして 2 バイトで 1 文字（漢字）を表す決まりです。それ以外の場合は 1 バイトで 1 文字です（リスト 10-7 の濃い網掛けの部分がそうです）。この仕組みにより、エスケープシーケンスを用いずに 1 バイトと 2 バイトの文字セットを混在させることが可能になっています。

　リスト 10-8 は UTF-8 の場合です。UTF-8 では、たいていの漢字は 3 バイト、英数記号の文字（ASCII）は 1 バイトで表現されます（濃い網掛けの部分が ASCII です）。ASCII の範囲内の文字を使う場合には、ASCII のテキストファイルと同じものであり、さらに Unicode の文字も使えるようになるため、最近は外部とのテキストのやり取りによく使われるようになりました。ただ、ほとんどの漢字は 3 バイト必要となるため、日本語の場合はデータ量が多くなりがちなのが欠点です。

　最後に UTF-16 の場合（リスト 10-9、リスト 10-10）について見てみます。

[*11]　エスケープシーケンスにはほかにも種類があります。0x1b はエスケープ (ESC) という制御文字で、その ESC から始まるので、この名前があります。

先ほど説明したように、UTF-16 はバイトオーダの違いにより 2 種類の表現があります。ファイルの最初の 2 バイトが BOM で、「FE FF」ならビッグエンディアン、「FF FE」ならリトルエンディアンです。リスト 10-9 とリスト 10-10 を見比べればわかるように、偶数バイトと奇数バイトが完全に反転しています。UTF-16 は ASCII も 2 バイトで表現されます。テキスト中の ASCII 文字列 "text file" は他のエンコーディングでは、

　　　74 65 78 74 20 66 69 6C 65

と 9 バイトなのに対して、UTF-16 では、

　　　00 74 00 65 00 78 00 74 00 20 00 66 00 69 00 6C 00 65

と 18 バイト必要になります。これは ASCII が主のテキストではデータ量が多くなることを意味します。

リスト 10-6：sample2.txt のダンプ（ISO-2022-JP）

```
00000000   1B 24 42 24 33 24 6C 24 4F 1B 28 42 74 65 78 74
00000010   20 66 69 6C 65 1B 24 42 24 4E 4E 63 24 47 24 39
00000020   21 23 1B 28 42 0D 0A 1B 24 42 24 33 24 6C 24 4F
00000030   25 46 25 2D 25 39 25 48 25 55 25 21 25 24 25 6B
00000040   24 4E 4E 63 24 47 24 39 21 23 1B 28 42 0D 0A
```

リスト 10-7：sample2.txt のダンプ（シフト JIS）

```
00000000   82 B1 82 EA 82 CD 74 65 78 74 20 66 69 6C 65 82
00000010   CC 97 E1 82 C5 82 B7 81 42 0D 0A 82 B1 82 EA 82
00000020   CD 83 65 83 4C 83 58 83 67 83 74 83 40 83 43 83
00000030   8B 82 CC 97 E1 82 C5 82 B7 81 42 0D 0A
```

リスト 10-8：sample2.txt のダンプ（UTF-8）

```
00000000   E3 81 93 E3 82 8C E3 81 AF 74 65 78 74 20 66 69
00000010   6C 65 E3 81 AE E4 BE 8B E3 81 A7 E3 81 99 E3 80
00000020   82 0D 0A E3 81 93 E3 82 8C E3 81 AF E3 83 86 E3
00000030   82 AD E3 82 B9 E3 83 88 E3 83 95 E3 82 A1 E3 82
00000040   A4 E3 83 AB E3 81 AE E4 BE 8B E3 81 A7 E3 81 99
00000050   E3 80 82 0D 0A
```

：sample2.txt のダンプ（UTF-16、BOM あり、ビッグエンディアン）

00000000	FE FF 30 53 30 8C 30 6F 00 74 00 65 00 78 00 74
00000010	00 20 00 66 00 69 00 6C 00 65 30 6E 4F 8B 30 67
00000020	30 59 30 02 00 0D 00 0A 30 53 30 8C 30 6F 30 C6
00000030	30 AD 30 B9 30 C8 30 D5 30 A1 30 A4 30 EB 30 6E
00000040	4F 8B 30 67 30 59 30 02 00 0D 00 0A

リスト 10-10 ：sample2.txt のダンプ（UTF-16、BOM あり、リトルエンディアン）

00000000	FF FE 53 30 8C 30 6F 30 74 00 65 00 78 00 74 00
00000010	20 00 66 00 69 00 6C 00 65 00 6E 30 8B 4F 67 30
00000020	59 30 02 30 0D 00 0A 00 53 30 8C 30 6F 30 C6 30
00000030	AD 30 B9 30 C8 30 D5 30 A1 30 A4 30 EB 30 6E 30
00000040	8B 4F 67 30 59 30 02 30 0D 00 0A 00

Column ｜ **CR と LF**

CR はキャリッジリターン（carriage return）、LF はラインフィード（line feed）の略です。LF は NL（ニューライン、newline）とも表現されます。これらの用語はタイプライタに由来しています。キャリッジリターンの「キャリッジ」とは、タイプライタの紙を固定している部分のことで、1 文字打つごとにキャリッジは 1 文字分左に移動します。タイプライタでは、1 行打ち終わった後、レバーでキャリッジを元の位置（行頭の位置）に戻します。この操作がキャリッジリターンです（古い海外の映画などで、実際に使っているところをよく見ることができます）。

いっぽう、LF は紙を 1 行送る動きです。タイプライタはキャリッジを戻したときに、通常は紙を 1 行分だけ送ります（送らないようにして、二重打ちさせることもできます）。CR と LF は意味的には以下のようになります。

CR：印字位置を行の先頭に戻す

LF：紙を 1 行送る

テキストファイルにおける改行とは、印字位置を行の先頭に戻す、かつ、1 行送ることですから、意味的には CR+LF が正しいと言えるかも知れません。昔のテレタイプ端末、つまり物理的に紙に印字する端末では、CR と LF を使い分けることによって、CR だけを端末に送り印字位置を行頭に戻すが紙送りはせず二重打ちする、というようなこともあったそうです。そういう場合は改行を CR+LF にする意味はあったかも知れませんが、現在では改行が 2

10

バイトになってしまっていることの弊害のほうが多いと言えます。

図 10-4　手動式タイプライター（ブラザー JP1-111 型)

写真提供：ブラザー工業株式会社

抽象化・仮想化

　コンピュータの世界では、よく「抽象（化）」「仮想（化）」という用語が使われます。本書でもすでに「仮想〇〇」といった用語は何度か出てきました。本章では、コンピュータにおける抽象化と仮想化の具体例について見ていきます。

11.1 コンピュータにおける 抽象化・仮想化

⏻ 抽象化とは？ 仮想化とは？

以下のような C のソースコードを考えます。

```
#include <stdio.h>
main()
{
    printf("hello, world¥n");
}
```

このソースコードは、コンパイラ等により実行ファイルを作成し、実行可能になります。このコードはさまざまなコンピュータ・OS 上で動作させることができます（もちろん、そのコンピュータで動作する実行ファイルが作成できる C の言語処理系があっての話ですが）。同じソースコードで、多くの違ったコンピュータ（や OS）上で動作が可能である、というのはすごいことだとは思いませんか？

ではなぜ、こんなことが可能なのでしょうか。そこには、いまどきのコンピュータ（いわゆる「ノイマン型コンピュータ」）みんなが持っているであろう機能を利用するようにプログラミング言語が設計されているから、と言えます。

それぞれのコンピュータが持っている機能には、それぞれ特徴があり、すべて同じではありません。でも、そういった違いより、共通点に注目し、C ならば「C プログラムが動作するコンピュータ」というものを想定します[*1]。

これは、抽象化の一種と言えるでしょう。つまり、世の中にはさまざまな種類のコンピュータ(環境)がありますが、それらを統一的に、抽象的なコンピュータ（環境）とみなしてして扱う、ということです。この抽象化により、同じソースコードでもさまざまなコンピュータ上で動作させることが可能になります。

さて、先ほどの C のコードでは、「printf("hello, world¥n");」という行で、"hello, world¥n" という文字列を出力（印字）しています。これはどこに出力

[*1] どのようなコンピュータを想定しているかは、C の規格書に載っています。なお、規格書では「コンピュータ」とは呼ばず、OS や、その他実行する一切合切を含めて「環境」と表現しています。

するのでしょうか。先ほど言及した抽象化された環境（コンピュータ）では、標準出力（stdout）という出力するための口を持っています。そして printf 関数は、その stdout へ出力する機能を持っています。したがって、文字列 "hello, world¥n" の出力先は stdout という抽象化された出力口になります。これが、現実にはどこになるのかは、抽象化された環境と現実のコンピュータとの間の対応関係によります。

　現実のコンピュータにおいては、文字列 "hello, world¥n" の出力先は、画面だったり、ファイルだったり、プリンタだったりするでしょう。画面と言ってもいろいろありますし、ファイルだってディスクなのか USB メモリなのかネットワーク上のストレージなのか、それこそいろいろな場合があり得ます。プリンタだってさまざまなメーカーがさまざまな機種を出していて、さらに接続も USB だったり LAN だったりするでしょう。それぞれ、出力のさせ方は当然違っているはずです。でも printf 関数によって stdout へ出力するだけでうまく行く、というのは「標準出力」として抽象化されているから、ということです。

　ここまで C のソースコードについて見てきましたが、ではアセンブリ言語の場合はどうでしょうか。第 2 章で説明したように、アセンブリ言語とは、ある特定の言語のことを指しているわけではなく、総称です。アセンブリ言語は CPU の命令をそのまま記述しますので、CPU の種類ごとに違った「アセンブリ言語」があります。たとえば、第 2 章のリスト 2-3（P.28）は、IA-32 というインテルの CPU 用に書かれたソースコードですから、別の種類の CPU では動作しません。したがって、C の場合と異なり環境の抽象化はあまりできないことになります[*2]。

　ついでに、Java について見ておきます。

```
public class Hello {
    public static void main(String[] args) {
        System.out.println("hello, world");
    }
}
```

　Java の場合は、第 1 章でも説明したように、ソースコードをコンパイルし

[*2]　まったく抽象化できない、というわけではありません。stdout という抽象化された出力口は使用しています。

て作られるのはクラスファイルです。クラスファイルは実行ファイルではある
のですが、それを実行できるコンピュータは Java 仮想マシン（JavaVM）です。
ここで「仮想」という言葉が出てきました。「抽象（化）」と「仮想（化）」と
いう言葉はよく似た意味合いで使われることも多いのですが、ここではおおよ
そ以下のような意味で使うことにします。

- **抽象化（abstraction）**
  ⇒現実に複数あるものの共通点を見出し、一般化すること

- **仮想化（virtualization）**
  ⇒現実にはないものを、あたかも存在するように見せること

> **注 意**
>
> ただし、世の中で使われている用語は、上記のような定義には必ずしも当て
> はまらない場合があります。両者をほとんど同じ意味で使っていることもあ
> ります。

　Java 仮想マシンは、現実にそのようなコンピュータは存在しない、ソフト
ウェアによって実現している（仮想的な）コンピュータのことなので Java 仮
想マシンと名付けられています。

　コンピュータは、この抽象化と仮想化をさまざまなレベルで取り入れながら
発展してきました。コンピュータの歴史は抽象化と仮想化の歴史と言っても過
言ではないでしょう。

◉ 抽象化の例 HAL

　コンピュータの世界では、抽象化はさまざまなところで行われています。こ
こでは、いくつかの例について見ていくことにします。

　まず HAL（Hardware Abstraction Layer、ハードウェア抽象化レイヤ）で
す。この用語は Windows でよく使われます。現在の Windows の祖先である
Windows NT は、32 ビットの x86 のほかにも、MIPS、Alpha、PowerPC といっ
た CPU を使ったコンピュータでも動作できるように設計上考慮されていまし
た[*3]。これら x86 ではない CPU を使ったコンピュータでは、CPU の命令の違
いもありますし、そのほかにも設計上の差異があります。この差を吸収して

[*3]　のちに ARM で動作する Windows も発表されています。

「Windows NT が動作するコンピュータ」として抽象化するために取り入れたのが HAL です（図 11-1）。

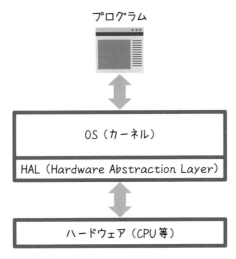

プログラム

OS（カーネル）

HAL（Hardware Abstraction Layer）

ハードウェア（CPU等）

図 11-1　HAL の位置づけ

　HAL はハードウェアに最も近い位置に存在していて、ハードウェアと OS（カーネル）との間の仲立ちをします。カーネルの立場から見ると、HAL を通して抽象化されたコンピュータ（ハードウェア）が見える仕組みです。Windwos の HAL は、通常「C:¥Windows¥System32¥hal.dll」に存在します（図 11-2）。

11

図 11-2　hal.dll のプロパティ

抽象化とプログラミング

プログラミングを、現実の問題を解決するための手段と考えたとき、プログラムは現実を抽象化して取り扱っている、と見ることも可能です。つまり、プログラミング自体が抽象化の一種とも言えます。たとえば、

```
int shojikin = 1000;        // 所持金
```

と変数宣言した場合、メモリ上に shojikin という変数用の領域が確保され、そこに int 型で 1000 が入ります。ここで、

```
shojikin += otoshidama;      // お年玉をもらった!!
```

とすると、変数 shojikin に otoshidama の値が加算されます。これは現実を（抽象化して）表現しているわけです。

オブジェクト指向プログラミングでは、現実の「モノ」「コト」をさらに抽

象化して取り扱うことになります。

　よくオブジェクト指向プログラミングの説明のつかみとして、

　Animal 抽象クラスがあって、このクラスには『鳴け』というメッセージを受け取るようにしておく。この Animal クラスを継承した Dog クラスと Cat クラスを作り、Dog クラスのインスタンスに『鳴け』とメッセージを送ると『わん』と鳴く。Cat クラスのインスタンスに同じ『鳴け』というメッセージを送ると『にゃー』と鳴く

などというよくわからない解説がされることがあります。ここで注目すべきは、犬も猫も動物に分類される、ということです。分類上の上位の階層（ここでは動物）は、抽象化が進んでいると、考えます[*4]。

　オブジェクト指向プログラミングにおいても、上位のクラス（親クラス、スーパークラス）は下位のクラスより抽象化されているということになります。

[*4]　生物学上の分類では、哺乳類（哺乳綱）とか脊椎動物とか、階層がさらに細分化されています。

11.2 リソースの仮想化

⏻ CPU とメモリの仮想化

コンピュータにおいて「リソース」とは、CPU そのもの、メモリ、ストレージなどのことで、プログラムが利用できる資源（リソース）全般を指します。

第 9 章「OS の起動と仕組み」でマルチタスクという用語が出てきました。いまどきの OS では、複数のプログラムが同時に動作するのが一般的です。それぞれのタスクからは、自分自身があたかも CPU を占有しているように見えます。実際にはタスクスイッチにより、タスクに CPU が割り当てられたり、取り上げられたりしています（図 9-5、P.231）。これは、各タスクに仮想的な CPU が割り当てられている、とみなせます。

ところで、いまの PC（Personal Computer）はその名のとおり「パーソナル」なもので、一時点で 1 人のユーザが占有使用します。しかし、古く、コンピュータの価格がはるかに高かったころは、1 台のコンピュータを複数人が同時に利用する形態が一般的でした。この同時利用の方式として TSS（Time Sharing System）があります。1 台のコンピュータに複数台（数台から数百台程度）の端末を接続し、ユーザはその端末経由でコンピュータを利用するものです。このときユーザからはコンピュータを占有しているように見えます。これも仮想化の一種と言えます。

第 4 章「メモリと仮想記憶」では、メモリの仮想化について説明しました。プログラムから見えるアドレス空間は論理アドレス空間（仮想アドレス空間）であり、それは実際のメモリの物理アドレス空間（実アドレス空間）とは別物である [*5]、という話をしました。

第 9 章で説明しましたが、Linux（UNIX）や Windows ではタスクに相当する用語としてプロセス（スレッド）があります。プロセスは 1 つの仮想アドレス空間を占有します。そして、同一プロセスの複数のスレッドは、プロセスに割り当てられた 1 つの仮想アドレス空間を共有します。

[*5] いまどきのコンピュータ・OS での話です。昔は仮想記憶の仕組みがないこともあり、「プログラムから見えるアドレス空間＝物理アドレス空間」でした。

⏻ ストレージの仮想化

　いま、PC 等のコンピュータで使われている主要なストレージはハードディスクもしくは SSD です。ハードディスクは図 8-2（P.192）で示したように、シリンダ番号・ヘッド番号・セクタ番号（CHS）によって記録する場所（セクタ）を特定し、そこへの読み書きを行います。しかし、ハードディスクへの読み書きを CHS を使って行うのは、たいへん扱いにくいものです[*6]。そこで、OS の機能であるファイルシステムによって、ファイルという仮想的なデータの入れ物を通して、ハードディスクへの読み書きをします。これも仮想化の一種と言えるでしょう。

　ストレージの仮想化は、ほかにもさまざまな場面で使われています。第 8 章で RAID について説明しました（図 8-3、P.195）。RAID は複数のハードディスク（や SSD）を組にして使用し、それらがあたかも 1 台のディスクであるように見せかけています。

　さらに、ファイル共有・NAS についても説明しました（図 8-8、P.208）。これはネットワーク上にあるファイルサーバ・NAS のファイルシステムをあたかも自分のコンピュータに直接接続しているように見せかけて使う方法です。

　NAS と（略称が似ているので）よく混同される仕組みに SAN（Storage Area Network）があります（図 11-3）。

NAS：ネットワーク上のファイルシステムに接続・共有
SAN：ネットワーク上のディスク（SSD を含む）に接続・共有

　NAS はファイルシステムに接続しますので、読み書きするのはファイル単位になります。それに対して SAN は、ネットワーク上にあるストレージをあたかも自分のコンピュータに直接接続されているように扱います。SAN はストレージを接続するインターフェースがネットワークでできているもの、とも言えるでしょう。

[*6]　第 8 章で説明したように、CHS ではなく LBA という連番を使う方法もあります。しかし、CHS でも LBA でもセクタ単位での読み書きになりますから、面倒なことには変わりありません。

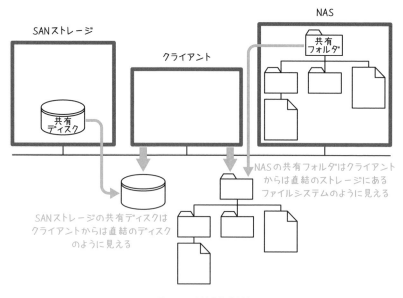

図 11-3　NAS と SAN

　SAN ではストレージを複数のコンピュータで共有することができます。た
だし、通常のファイルシステムは、ストレージが 1 台のコンピュータに直接
接続されていることを想定しているため、2 台以上のコンピュータがストレー
ジを共有できるようには作られていません。そのため、SAN を使う場合、運
用上同時には使用しないように注意するか、もしくは、共有されているストレー
ジ上でも正しく動作するファイルシステム（クラスタファイルシステムと呼ば
れる）を使用する必要があります。このようなファイルシステムには、後述す
る VMFS などがあります。

　SAN は、PC（クライアント PC、通常ユーザが利用している PC）で直接使
われることはまずありません。後述する仮想マシンを利用したサーバ等ではよ
く利用されます。

⏻ ネットワークの仮想化

　厳密にはリソースの仮想化とは呼べないかも知れませんが、ネットワークに
おいても仮想化の仕組みが存在します。たとえば、IP アドレスの変換を行う
NAT（Network Address Translation）は仮想化の一種と言えます。

インターネット上の IP アドレスは、インターネットに接続するすべてのノードで異なっている必要があります。このような IP アドレスをグローバルアドレスと呼びます。いっぽう、企業等の組織内ではすべてのノードにグローバルアドレスを付与するようなことは、通常しません。それは家庭内でも同じです。特に IPv4 の場合、グローバルアドレスには限りがあり、1 つの組織や家庭に割り当て可能なグローバルアドレスの数は、接続するコンピュータ等のノード数よりはるかに少ないことが普通です（家庭でインターネットに接続する場合、割り当て可能なグローバルアドレスはせいぜい 1 個です）。

そこで、組織や家庭内ではプライベートアドレスと呼ばれるアドレスを使用し（表 11-1）、インターネットへ出ていくところでグローバルアドレスに変換を行います。これが NAT です（図 11-4）。

表 11-1　プライベートアドレスの範囲

10.0.0.0 ～ 10.255.255.255	（クラス A のプライベートアドレス）
172.16.0.0 ～ 172.31.255.255	（クラス B のプライベートアドレス）
192.168.0.0 ～ 192.168.255.255	（クラス C のプライベートアドレス）

※ 0.0.0.0 ～ 223.255.255.255 のうち上記以外はグローバルアドレス
※「クラス A」「クラス B」「クラス C」の意味は図 6-14（P.154）参照

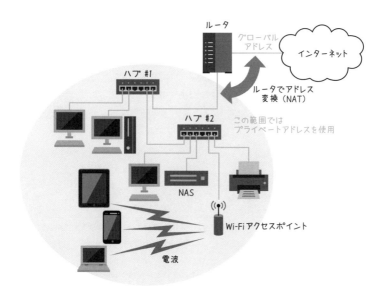

図 11-4　NAT

NAT は、変換の仕方により 2 種類に分けられます。

1 対 1 変換 ：狭義の NAT
1 対多変換 ：NAPT（Network Address Port Translation）[*7]

　組織や家庭内のネットワークをインターネットに接続する場合、グローバル
アドレスは 1 個（もしくは少数個）で、それに対するプライベートアドレス
は多数になりますから、変換には NAPT が使われます。

　ネットワークにおける仮想化の別の例として、VPN（Virtual Private
Network）について見てみます。図 11-4 を再度見てください。ここでプライ
ベートアドレスを使用している範囲内のノードから、インターネット上に存在
する（グローバルアドレスが付与された）ノードに対して通信を開始すること
ができます。しかし、逆方向、つまりグローバルアドレスを付与されたノー
ドから、プライベートアドレスのノードへは通信を開始することはできませ
ん。プライベートアドレスを宛先にすることは一般には不可能です[*8]。たとえ
ば、出先にノート PC を持ち出して、インターネットに接続し、家に置いてあ
る NAS 内のファイルを見たい、と思ったとしても、このままではそのような
ことは不可能です[*9]。

　たとえばこのような場合に利用できる仕組みとして VPN があります。これ
はインターネットのようなパブリックなネットワーク上に、仮想的なプライ
ベートネットワークを構築するというものです。VPN を使って接続を行えば、
インターネットに接続していながら、あたかも、その先のプライベートなネッ
トワーク（LAN）に直接接続しているようになります。ですから VPN、つま
り仮想的なプライベートネットワークなのです。

[*7] NAPT は IP マスカレード（IP masquerade）とも呼ばれていて、この名称のほうがよく使われます。

[*8] ルータに対して特別な設定をすれば、まったく不可能というわけではありません。これはポートマッ
　　ピングと呼ばれます。

[*9] 外から家の中の NAS にアクセスできない、というのはセキュリティ面から見たとき、それはそれ
　　で望ましいこととは言えます。[*8] で述べた「ルータに対して特別な設定」をすると、セキュリティ
　　的な弱点になりかねません。

11.3 仮想マシン

⏻ 仮想マシンとは

仮想マシンとは、あるコンピュータ上に、別の（仮想的な）コンピュータを作り出す仕組み、またそうやって生成された仮想的なコンピュータのことを指します。ここまでに仮想マシンという用語は、JavaVM（Java 仮想マシン）という名で出てきました。JavaVM は Java のクラスファイルを実行することができる仮想的なコンピュータで、Windows や Linux などの各種 OS 上で動作するアプリケーションプログラムとして存在しています。

現在、仮想マシンと言った場合、もちろん JavaVM のような 1 個のプログラムを動作させるだけの小規模な環境もありますが、もっと大がかりな仕組みを指すことのほうが一般的です。いま、1 台のコンピュータ（ハードウェア）があったとします。このコンピュータでは 1 つの OS が動作します（コンピュータに複数の OS をインストールすることは可能ですが、同時に動作するのは、あくまでも 1 つに限られます）。OS がコンピュータ全体を管理しますので、複数の OS が同時に動作することは、通常考えられません。しかし、ここで、ある「仕組み」を導入することで、1 台のコンピュータ上で複数の仮想的なコンピュータを実現したとします。すると、その仮想的なコンピュータそれぞれで別個に OS を起動できるようになります。これが仮想マシンです。仮想マシンは別個のコンピュータとしてふるまいますので、それぞれが別の OS を動作させることも可能です（同じ OS を複数動かしても構いません）。つまり、1 台のコンピュータで複数台のコンピュータの役割を果たすことが可能になります[*10]。

仮想マシンを実現するための仕組みには多くの種類がありますが、大きく分類すると、ハードウェアによって実現しているものと、ソフトウェアによるものに分けられます。ハードウェアによるものは、その機能を持ったハードウェア（コンピュータ）が必要で、メインフレーム等で採用されています。いっぽ

[*10] とはいえ、1 台で何台分もの仕事をさせるわけですから、CPU の性能、物理メモリ量、ストレージの容量等、必要となる資源はそれなりに必要です。

う、PC 等では一般的にはソフトウェアで実現します（仮想化ソフトウェア）[*11]。

図 11-5 は仮想マシンを複数起動している例です。Windows 10（64 ビット）上で VMware Workstation Player という仮想化ソフトウェアを使って、複数の仮想マシン上で複数の OS を動かしています。ここで、以下のような呼び方をします。

- **ホスト OS**
  ⇒仮想化ソフトウェアを実行している OS
    図 11-5 では Windows 10

- **ゲスト OS**
  ⇒仮想マシン上で実行している OS
    図 11-5 では Windows 7、Windows 3.1[*12]、CentOS 7

図 11-5　仮想マシンを複数起動している例

[*11] 仮想マシンをソフトウェアだけで実現することは可能です。しかし、ハードウェア側の支援を受けたほうが性能面などで有利なこともあり、CPU 側に仮想化を支援する機能を持たせ、仮想化ソフトウェアはそれを利用するような形になっていることもあります。インテルでは、この仮想化を支援する機能を Intel VT と呼び、最近の多くの CPU に搭載されています。

[*12] Windows 3.1 のようなたいへん古い OS でも、このように仮想マシン上でならば動作させることも不可能ではありません。

仮想マシンの用途は多岐にわたります。

- 違う命令セットや設計のコンピュータ用のプログラムを動かしたい
- 現在サポートされていない古い OS を実行したい
- テスト的に、一度に多くのコンピュータを立ち上げたい
- 機動的にサーバの立ち上げ・廃棄、資源の変更等を行いたい
  ⇒ハードウェアを新規に導入せずに、サーバを増やしたりすることも可能
- ハードウェアのメンテナンス中でもサーバを停止させたくない
  ⇒後述するように、動作中の仮想マシンを別のハードウェア上に移動させる
  ことが可能

ほかにも多くの利点があるため、現在では非常によく使われるようになりました [13]。

🔘 仮想化ソフトウェアの種類

ソフトウェアによって仮想マシンを実現する仮想化ソフトウェアには数多くの種類・製品があります。それらを分類してみます。

① プログラム単体のみが動作する仮想マシン

仮想マシン上では OS は動作しておらず、プログラムのみが動くような仮想マシンです。代表的な例としては JavaVM が挙げられます。

一般的には、命令セットやその他の設計が異なったコンピュータのプログラムを動作させるための仮想マシンです。他のコンピュータの真似をする場合はエミュレータ（emulator）と呼ばれることがあります。

② OS が稼働する仮想マシン

完全に 1 台のコンピュータとしての機能を備えた仮想マシンで、OS をインストールして稼働させることが可能です。「仮想化ソフトウェア」と呼んだ場合、通常はこちらを指します。

命令セットが同じ場合も、異なっている場合もあります。

なお、①と②の間に存在するような仮想化ソフトウェアも存在しますので、現実には、必ずしもこのように厳密に分類できるわけではありません。

②の仮想化ソフトウェアはハイパーバイザとも呼ばれています。これは、大きく 2 種類に分類できます（図 11-6）。

---

[13] 本書の執筆においても、さまざまな環境・OS・ソフトウェアを使用するため、仮想マシンを便利に利用させていただきました。

- ② -1：Type 1 ハイパーバイザ

  ハードウェア上で直接動作するタイプの仮想化ソフトウェアです。そのため、前項で説明した「ホスト OS」「ゲスト OS」のうち、ホスト OS は存在しません。

  サーバ用途でよく使われます。代表的な製品としては、Xen、VMware ESXi、Microsoft Hyper-V などがあります。

  「ハイパーバイザ」と呼んだ場合、通常はこの Type 1 を指します。本書でも、以下「パイパーバイザ」と呼んだ場合、この Type 1 ハイパーバイザのことを指すことにします。

- ② -2：Type 2 ハイパーバイザ

  仮想化ソフトウェアが OS（ホスト OS）上で動作するタイプです。Type 2 ハイパーバイザは通常「ホスト型仮想化ソフトウェア」と呼ばれています。本書でも「ホスト型」と呼ぶことにします。

  ホスト型仮想化ソフトウェアは、ユーザが使っている PC（クライアント PC）上などで、別の仮想マシンを動かしたい、というような場合に使うことができます。図 11-5 はそのようにして動かしてみたときの例です。

  代表的な製品には、VMware Workstation（ホスト OS は Windows と Linux）、VMware Fusion（ホスト OS は macOS）などがあります。

　ここでも、② -1 と② -2 の中間に位置するようなハイパーバイザも存在します。

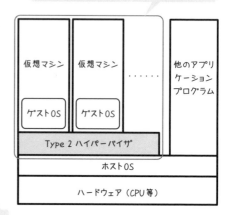

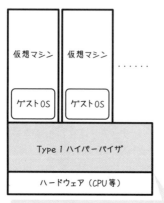

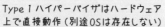

図 11-6　ハイパーバイザの種類

⏻ VMware Workstation（ホスト型仮想化ソフトウェア）

　VMware の製品を例に、仮想化ソフトウェアの機能について見てみます。VMware 社は、仮想化ソフトウェアでは世界的な企業で、x86 CPU 向けの仮想化ソフトウェアを初めて開発しました。

　ここでは、まずホスト型の VMware Workstation を取り上げます。VMware Workstation はホスト OS が Windows または Linux で、PC で動作する多くの OS を（図 11-5 で見たように、Windows 3.1 という 30 年近く昔の OS も）ゲスト OS としてインストール・実行することが可能です。

　VMware Workstation には以下の 2 種類があります。

- VMware Workstation Pro
- VMware Workstation Player
  （機能制限版。非営利目的の使用のみ無料で、その他は有料）

　仮想化ソフトウェアを非営利目的で試しに使ってみたい、ということであれば、VMware Workstation Player（以下「Player」と省略）が無料で使えますので、これをインストールして使ってみるのがいいのではないでしょうか。

　ここでは、Player を使って新たな仮想マシンを作成し、Linux（CentOS 7）をインストールしてみます。前準備として、下記のことをしておきます。

- Player をインストールしておく
- CentOS のインストールイメージをダウンロードしておく

　Player を起動すると図 11-7 のようなウインドウが表示されます。ここで「新規仮想マシンの作成」を選択すると、「新しい仮想マシンウィザード」が開きます（図 11-8）。ここで、ダウンロードしておいた CentOS のインストールイメージを「インストーラディスクイメージファイル」で選択します。その後、インストール時のいくつかの問い合わせに答えると、仮想マシンが起動し CentOS のインストールが開始されます（図 11-9）。インストールが正常に完了すると、仮想マシンが再起動され、いまインストールされたばかりの CentOS が起動します（図 11-10）。

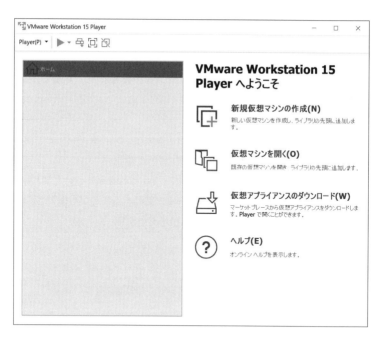

図 11-7 VMware Workstation Player の起動画面

図 11-8 新しい仮想マシンウィザード

図 11-9　仮想マシンの起動、OS のインストール

図 11-10　インストールされた OS の起動

このようにして作成された仮想マシンは、ホスト OS 上のいくつかのファイルとして保存されます。リスト 11-1 を見てください。

リスト 11-1 ：仮想マシンのファイル一覧（Player で作成）

```
C:\Users\lepton\Documents\Virtual Machines\CentOS 7>dir
 ドライブ C のボリューム ラベルは WINDOWS です
 ボリューム シリアル番号は XXXX-XXXX です


 C:\Users\lepton\Documents\VM\CentOS 7 のディレクトリ


2019/12/10  20:04    <DIR>          .
2019/12/10  20:04    <DIR>          ..
2019/12/08  20:21     1,715,208,192 CentOS 7-s001.vmdk
2019/12/08  20:21       990,314,496 CentOS 7-s002.vmdk
2019/12/08  20:21       814,153,728 CentOS 7-s003.vmdk
2019/12/08  20:21       529,334,272 CentOS 7-s004.vmdk
2019/12/08  20:21       901,513,216 CentOS 7-s005.vmdk
2019/12/08  19:56            65,536 CentOS 7-s006.vmdk
2019/12/08  20:21             8,684 CentOS 7.nvram
2019/12/08  20:10               777 CentOS 7.vmdk
2019/12/10  20:04    <DIR>          CentOS 7.vmrest.lck
2019/12/08  19:56                 0 CentOS 7.vmsd
2019/12/08  20:21             3,027 CentOS 7.vmx
2019/12/10  20:03    <DIR>          CentOS 7.vmx.lck
2019/12/08  19:56               357 CentOS 7.vmxf
2019/12/08  20:21           219,379 vmware.log
              12 個のファイル   4,950,821,664 バイト
               4 個のディレクトリ 730,917,888 バイトの空き領域

C:\Users\lepton\Documents\Virtual Machines\CentOS 7>
```

CentOS 7 というフォルダ内にいくつかのファイル（とフォルダ）がありますが、これらが、いま作成された仮想マシンを構成しているファイルです。ここで、拡張子が .vmx のファイルが仮想マシンのさまざまな設定を保持しているファイルです。保持されている情報には、たとえば、

- メモリ量
- CPU のコア数
- ディスクの容量と、ディスクのファイル名
- どのような入出力装置を接続するか

といったものがあります。ここで「ディスクの容量と、ディスクのファイル名」とありますが、仮想マシンが使うディスク（仮想ディスク）もこのリスト 11-1 にあります。それが .vmdk という拡張子のファイルです。.vmdk のファイルは複数ありますが、これで 1 個のディスクを表しています [14]。その他いくつかのファイルから仮想マシンが構成されます。

ポイント

1 台の仮想マシンが入っているフォルダごとコピーすれば、仮想マシンが（OS がインストールされたまま）複製されます。物理的なコンピュータに OS をインストールして使えるようにするまでの手間を考えたら、コピーで新たな仮想マシンを作るほうがずっと簡単です。

⏻ VMware ESXi（ハイパーバイザ）

次に Type 1 ハイパーバイザについて見ていきます。VMware では VMware ESXi という名称の製品がそれにあたります [15]。

ここでは、1 台のコンピュータに VMware ESXi をインストールして、いくつかの仮想マシンを起動した場合を例に取ります。この場合、仮想マシンに対するさまざまな操作、たとえば仮想マシンの作成、設定変更、電源のオン・オフ、は ESXi をインストールしたコンピュータ自体ではなく、別の PC からネットワーク経由で遠隔操作します。操作はウェブブラウザでも可能ですし、VMware vSphere Client というアプリケーションプログラムから行うこともできます。図 11-11 は vSphere Client を使ったときの画面例です。左側に、登録されている仮想マシンの一覧が表示され、この画面からさまざまな操作を行うことができます。新規仮想マシンの作成と OS インストールもこの画面から可能です（仮想マシン作成・OS インストールの方法は、Player の場合とよく似ています）。

---

[14] 仮想ディスクは、仮想マシンの性能に大きく関わってくる部分です。そのため、仮想ディスクの作り方にはいくつかの方法があり、それによってファイルのでき方も変わってきます。ここで示したものはその一例です。

[15] ハイパーバイザ単体では ESXi という名前ですが、これを取り巻くさまざまな製品があり、それらも含めると VMware vSphere という名称になるようです。なお、過去には「ESX」という名称も使用されていましたが、ESXi とほぼ同じ位置づけの製品です。

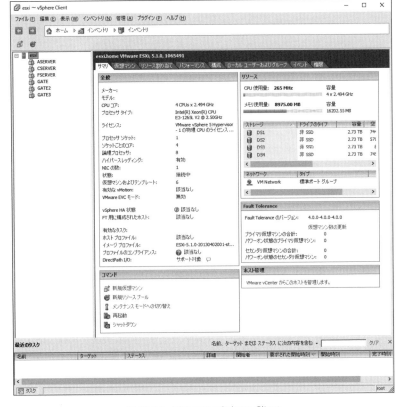

図 11-11　VMware vSphere Client

　ハイパーバイザは、通常、サーバ用として利用されます。ESXi などのハイ
パーバイザをインストールしたコンピュータを複数台（数台から、多い場合は
数百台以上）設置し、ストレージは SAN で共有します。SAN には仮想マシ
ンの構成情報や仮想ディスクを配置することにより、どの仮想マシンがどのハ
イパーバイザ上でも動作可能な状態になります（図 11-12）。SAN には複数の
ハイパーバイザから同時にアクセスがありますので、前述したクラスタファイ
ルシステム（ESXi では VMFS）を使用します。

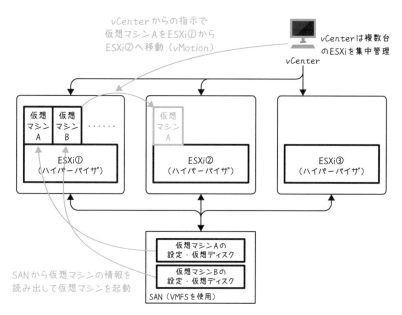

図 11-12　ESXi と vCenter、SAN

　このような構成にすることにより、仮想マシン（とその上で動作する OS）は、物理的なコンピュータ（ハードウェア）とハイパーバイザから切り離され、どのコンピュータ上でも動作することが可能になります。もしコンピュータが物理的に故障しても、別のコンピュータで仮想マシンを立ち上げることや、さらに仮想マシンが稼働中であってもそのまま別のコンピュータに移動させることも可能になります（VMware vMotion）。

> **ポイント**
>
> たとえば、あるコンピュータの CPU 使用率が高い状態だった場合、その中の仮想マシンのいくつかを別のコンピュータに移動させるということも容易です。

　このことは、多くのサーバを運用していく上でたいへん有用な機能です。
　いま、よく聞く言葉に「クラウドコンピューティング」があります。数多くのコンピュータを所有するクラウドコンピューティングのサービス事業者は、この仮想化の技術を駆使して、サービス（クラウドサービス）を行っています。クラウドサービスには、さまざまな形態がありますが、その 1 つに、仮想マ

シンそのものを提供するサービス（IaaS、Infrastructure as a Service）があ
りますし、その他のサービスでも、内部的には仮想化の技術が多く取り入れら
れています。

あとがき

　ここまで 11 章にわたって、プログラマのために役立つコンピュータの入門知識について解説してきました。実際のところ、それぞれの章をテーマにして本が 1 冊書けるほど（もしかしたらそれ以上）深いのですが、本書では紙面の都合により残念ながら割愛した部分もあります。

　本書の内容から、たとえばコンピュータ（PC）のハードウェアに興味を持たれた方は、ぜひ自分で PC を組み立ててみることをお勧めします。ひところ流行った、いわゆる「自作 PC」も最近は下火になってきましたが、自分で部品をそろえて組み立て、さらに OS のインストールまでやってみるだけで、かなりの経験になることは間違いありません。「そこまでできないよ」という方は、仮想マシンにいろいろな OS をインストールしてみるだけでもいいかも知れません。仮想マシンなら、失敗しても、削除して最初からやり直すことが容易です。

　いずれにしても、本書がコンピュータに対する理解を深めるきっかけになれば幸いです。

　最後に、本書の出版の機会を与えて下さったオーム社、制作を担当していただいたトップスタジオの皆さんに感謝いたします。

2020 年 5 月
Lepton

INDEX

〈著者略歴〉

Lepton（れぷとん）

大学・大学院では物理をやっていたはずな
のに、気付いてみればコンピュータ関係の
なんでも屋さんに。
大学院では、実験装置とコンピュータに囲
まれて過ごす。パンチカードの時代からコ
ンピュータで遊んでいたため、キャリアだ
けは長い。コンピュータ関係著作物多数。
メールアドレスは lepton@amy.hi-ho.ne.jp

プログラマーのためのコンピュータ入門
内部ではどう動いているか

2020 年 6 月 15 日　　第 1 版第 1 刷発行

著　　者　Ｌｅｐｔｏｎ
発 行 者　村 上 和 夫
発 行 所　株式会社 オーム社
　　　　　郵便番号　101-8460
　　　　　東京都千代田区神田錦町 3-1
　　　　　電話　03(3233)0641(代表)
　　　　　URL　https://www.ohmsha.co.jp/

© Lepton 2020

組版　トップスタジオ　印刷・製本　三美印刷
ISBN978-4-274-22531-4　Printed in Japan

本書の感想募集　https://www.ohmsha.co.jp/kansou/

本書をお読みになった感想を上記サイトまでお寄せください。
お寄せいただいた方には、抽選でプレゼントを差し上げます。